U0174479

面向设计公司的 BIM：
基于中小规模 BIM 设计案例

[美] 弗朗索瓦·列维（François Lévy）

[美] 杰弗里·W. 瓦莱特（Jeffrey W. Ouellette）　著

马小涵　孙彬　金戈　刘思海　刘雄　开开　黄少刚　译

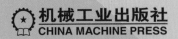

机械工业出版社
CHINA MACHINE PRESS

作者通过来自一线建筑生涯中的探索和总结，面向广大设计公司，基于中小规模项目的设计应用经验，阐述了新时代下 BIM 技术落地的方式、需要避开的障碍，以及未来的设计变革趋势。借助多个数字设计和建造的实际案例研究，深入探讨了 BIM 作为一项新技术给设计师工作方式和思维模式带来的变革，尤其是在参数和数据驱动的数字化设计领域，给设计企业和团队的数字化转型带来有深度、有价值的参考。

图书在版编目（CIP）数据

面向设计公司的 BIM：基于中小规模 BIM 设计案例 / （美）弗朗索瓦·列维（Francois Levy），（美）杰弗里·W. 瓦莱特（Jeffrey W.Ouellette）著；马小涵等译 .—北京：机械工业出版社，2022.9
书名原文：BIM for Design Firms: Data Rich Architecture at Small and Medium Scales
ISBN 978-7-111-71871-0

Ⅰ . ①面… Ⅱ . ①弗… ②杰… ③马… Ⅲ . ①建筑设计—计算机辅助设计—应用软件
Ⅳ . ① TU201.4

中国版本图书馆 CIP 数据核字（2022）第 196242 号

机械工业出版社（北京市百万庄大街 22 号　邮政编码 100037）
策划编辑：张　晶　责任编辑：张　晶　关正美
责任校对：刘时光　封面设计：张　静
责任印制：常天培
北京宝隆世纪印刷有限公司印刷
2023 年 1 月第 1 版第 1 次印刷
185mm×235mm·12.5 印张·195 千字
标准书号：ISBN 978-7-111-71871-0
定价：89.00 元

电话服务　　　　　　网络服务
客服电话：010-88361066　机　工　官　网：www.cmpbook.com
　　　　　010-88379833　机　工　官　博：weibo.com/cmp1952
　　　　　010-68326294　金　书　　　网：www.golden-book.com
封底无防伪标均为盗版　机工教育服务网：www.cmpedu.com

序

© 这是一本自传。本书绝大部分素材来自于我延续至今的建筑生涯中的教训和错误，以及我从同事、客户和学生等处受到的启发。这又是一本轶事集，并不是说它不真实或不精确，我更乐于将它称为一部可探讨的，甚至是寓教于乐的作品。当然，我很乐意与诸位分享我对 BIM（建筑信息模型）的理解和信念。我用 BIM 的时候，这个词还没被创造出来——尽管当时它更注重建筑模型，而信息化功能式微。这一定程度上确实出于冒险精神，但更主要的是，从新颖的几何造型到关于热烟囱和雨水收集的定量分析，它似乎会是一种大有可为的方法来探索设计的各种可能性。那个时候，BIM 工具的大部分还没有实现参数化，许多模型元素必须从 3D 基元（拉伸、扫描、布尔加法等）中组合运用。即便如此，它还是将一些从前做不到的设计变为可能。

我是个幸运儿，受到天时地利的眷顾。在计算机技术开始普及的时候，我进入了建筑行业。本科毕业论文中我在朋友的 TRS-80 计算机上写完了自己的毕业论文，它伟大的图形升级包括一个琥珀色的屏幕（比黑屏白字更舒服）和字母的延展部分（比如字母 g 的尾部），它们可以显示在线条下方，不是像 g、j 和 q 被垂直压缩向上移动。当我还是建筑学院的研究生时，CAD 已经可以在台式计算机上使用，不再是那种软件和硬件不可分割的专用制图工具。我步入职场的时候，后来被称为 BIM 的最早版本已经问世。我很幸运地见证了这个行业从手工绘图到 CAD 再到 BIM 的跨越，拥有这些技术上的第一手经验是非常有指导意义的。

理查德·道奇（Richard Dodge）与虚拟制造

1992 年，我还是得克萨斯大学奥斯汀建筑学院第一设计工作室的研究生，这个以 CAD 为基础的工作室由已仙逝的理查德·道奇（Richard Dodge）执教。我听说理查德的父亲是加州的一名建筑工人，耳濡目染的小道奇从十几岁就开始绘图（当然用工程绘图板和三角尺在桌子上画）。当理查德成为建筑师时，画草图便能达到行云流水一挥而就的境界。所以，像他那样信奉 CAD 似乎过于执着，但这就是道奇：坦率练达而富有魅力的教授、著作等身但手不释卷的设计师、建筑界的行家里手、同事们的良师益友。

记得有一天，我和他讨论关于制图和制造之间联系的问题。理查德认为，我们的建筑图纸可以直接驱动机器来实现定制建筑部件的时代已经到来，否则人工制作的成本会高到让人望而却步。数控铣床（NC）早在 20 世纪 50 年代就在制造业中出现了，数控雕刻机（CNC）也已经开始使用。但大规模生产的技术还没有发展到触手可及。当然，限制技术的瓶颈可不是铣床，而是没有现成的媒介让建筑师与数控雕刻机沟通——直到 CAD 从天而降（图 0-1）。即使在那时，我的想象力也仅限于在结构上更具化的木制桁架扣板，或者在伦敦劳合社和蓬皮杜艺术中心（我的祖父和许多巴黎人把它称为"管道巴黎圣母院"）找得到的高级钢化 U 形夹。增材制造机（3D 打印机）对我们大多数人来说可是天方夜谭。

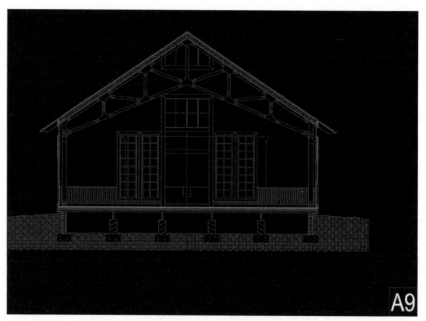

图 0-1　早期 CAD 图。桁架设计是基于假设胶合加固板用数控机床制造，布置在板材上，以减少物料浪费

在那次无边际的谈话中，我们从巴洛克时期的木炭铅笔绘画技术聊到现代派的精密机械绘图，我们对虚拟建筑的轮廓可见一斑。我们畅想着未来的深远意义，不仅是针对平面图、剖面图和立面图，而是对整体建筑的虚拟建模。雾里探花水中捞月，虽然未来没人能预测，但我们能感知到这些用于设计和记录的工具将改变整个行业的呈现方式。正如没有木炭铅笔的巴洛克不可能是巴洛克时代，没有技术绘图笔的现代派也不能称之为现代主义，我们未来的建筑也将通过数字工具来呈现。我们将要使用的工具会塑造他们所做的一切，而我们要做的只是一道选择题：破茧成蝶，或者作茧自缚。

工作室中的 BIM

我绝大部分的工作经验都是在体量较小的公司里积累的，因此，个人关于 BIM 的学习和开发实践都是以设计师较少的小项目为主。所以书名如是说，我的的确确从事于建筑业，还有许多其他学科领域在应用 BIM，但坦诚地说，建筑师并不是第一批接受它的人。"丰富的数据"表明 BIM 用于分析运算设计和模拟。也就是说，在设计中使用 BIM 有实践意义。

自问世以来，BIM 一直是大型企业和大型项目的宠儿，这很好理解。首先，大型项目的广度和深度客观上催化了 BIM 的实操性，这种绘图和协作的新方法优化了设计和记录所需的大量人力资本和信息。此外，涉及 BIM 这项革命性新技术的软件、硬件和培训成本，大公司比小公司更容易承担。BIM 的一个重要特点是它能够促进设计和建筑间的互用性，这一点上，大型项目往往比小型项目有更多的参与者。

BIM 长期以来一直被吹捧为有利于文档联动处理和多方协作。作为一个数字工具，建筑信息模型由一个或多个设计学科（建筑、结构、机电等），每个学科都为中心模型提供单元或组件。作为一个过程，建筑信息模型假定一种信息交换，便于根据各方工作来确定方案的几何造型和性能特征。该过程还需要有明确的定义和角色描述、交互操作的数据交换格式、协调和沟通。模型也可以通过这些交替过程在设计后期进一步演变，但前提是已有一个现成的设计。也就是说，BIM 过程是一种社交和技术的协议，通过该协议，BIM 将对既有建筑设计进行数字协调从而驱动发展。

作为一名行业从业者，虽然我的一些经验与上述一致，但总体来说，我的 BIM 生涯是逆流而上的。我的大多数设计合作者都不用 BIM，项目往往只涉及单一模型而不是其他人的联合模型。即便如此，我还是有机会与合作者有过 BIM 协作（详见第五章和第六章的案例研究）。在过去的 20 年里，我的从业经验主要是在 1 ~ 5 人的公司里积累的，它完全符合"小公司"的定义范畴（几年前，波士顿建筑师协会报告说，80% 的建筑师在少于 6 人的公司工作，如图 0-2 所示）。虽然我很欣赏 BIM 在设计的各个阶段（包括施工图阶段）事半功倍的协同效应，但 BIM 并不仅仅局限于文档联动处理和多方协作，恰恰是这种对 BIM 本末倒置的应用才导致本书的问世。用于设计的BIM 和小公司的 BIM 几乎与真正的 BIM 截然相反，因为真正的 BIM 经常只用于大型项目的文档联动处理和多方协作。

尽管如此，我认为应用于小公司或者设计层面的 BIM 并不与大公司矛盾。的确，在大型项目中，互用性尤其重要，可以自动协调建筑现场、土木、结构、机械、电气和管道工程学科。然而，更广泛、更丰富的三维设计的优势可不同于多方协作和文档联动处理，大型公司的工作室可以从中获益良多。即使对于大型建筑公司，也

图 0-2　根据美国国家建筑注册委员会的数据，截至 2010 年，美国注册建筑师不到 10.4 万人。每个蓝点代表大约 100 名美国建筑师；每个红点大致代表供职于超过 6 人公司的 100 名建筑师。每个州的点分布是完全随机的，红点分布是接近的

会设立规模适当的团队来设计和开发建筑项目。在技术进步和个人生产力提高的推动下，在大公司中设立正式或非正式的小型设计工作室的趋势一望而知。这本书也是写给他们的。

一枝独秀

这里有一个关于设计耳熟能详的故事。一个项目，在经过一系列的示意图和概念草图，以及紧跟其后的代码研究和编程，最终通过草图建模软件从概念上设计出来。它会被不断地改进，也许会被某个Photoshop"神童"进行渲染后，呈现在第一次客户会议上。最终方案设计成熟后，就应该认真考虑建筑系统和初步的结构协调了。然后该方案用BIM重新构建，并在设计过程中继续进行。后来交付期限迫在眉睫，一半的项目不得不用CAD应付了事，还有一些BIM模型也完成得马马虎虎。当然，在这些不断返工的过程中，数据都会随着项目从一个软件导出到另一个软件而丢失。如果在设计方案或施工图中有重大的设计变更，回溯过程进一步拉低了工作效率。

因此，即便对于某些标榜应用BIM的公司，实际运用的效果大抵也没预期的那么完美。事实上，采用BIM的大公司更倾向于多种设计和生产软件拼凑使用。

根据我的经验，BIM无疑是一种更有效的工作方式。也就是说，与CAD相比，BIM只需花费较少的精力（以交付建筑工作的时间来衡量），就能产生同等的成果（比如一套建筑文件）（图0-3）。但效率只表示投入与产出的比例，没有提到效力——产出理想结果所花费的精力。效力是衡量成功的指标之一。

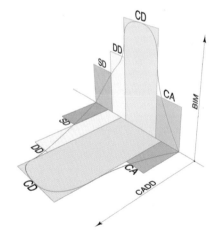

图0-3 CAD与BIM的差距。在CAD（或手稿）中，早期设计阶段不用花费太久，因为施工图阶段占据了整个建筑服务的40%（图中的平面部分）。在BIM（垂直线）中，就整个设计和文件编制过程而言，虽然施工图阶段在整体服务中所占的比例较小，但BIM（蓝色曲线）比CAD（红色曲线）更有效率。这种效率最直接的优势是能允许设计者更多的精力投入到建筑效力上

BIM 的独门秘籍就是效率至上。也许有人会问我，"这又能怎样呢？"我会建议将这些效率收益再投入到有效力的建筑设计中。换句话说，让我们着力于设计——设计得更具化、更翔实、更果敢。设计工作室的 BIM 旨在帮助挖掘替代设计的可能性，它为建筑师和设计师提供更多的应用和探索，而不仅仅是重复前人的设计。本书不是关于"更快、更好的 CAD"，不是软件使用指南，或者提高效率的小技能，更不是 BIM 管理层的入门书籍；这是一本研究新事物的指南，研究从技术和方法上与建筑学息息相关的新事物。

弗朗索瓦·列维（François Lévy）
于美国建筑师协会得克萨斯大学奥斯汀分校建筑学院

目 录

第一章

数字设计

设计是什么？数字设计又需要具备什么特质呢？

以获得某个明确答案为目的而提出的问题是无聊的。长期探究开放的、不确定的问题，才是有趣的。所以当一个人深思熟虑地问"设计是什么？"实际上是在考虑"我该如何继续探寻自己对建筑的担当和设计的意义？"或者，"我该如何三省吾身，怎么设计？为什么设计？设计什么？"

时时沉浸在这种疑问中是很难的。对于年轻的设计师来说，迷失自我、不确定如何前进、解决设计问题存在压力、游离于设计理论之外，这些问题都是经验匮乏而产生的。反之，对于经验丰富的设计师来说，他们自信沉着、对作品胸有成竹、工作过程中躬行实践又慧心妙舌，他们出神入化的行事风格让其他人心悦诚服。

还有一个问题，即"手动"设计区别于"数字"设计的认知特性（其实说"运算设计"更为恰当）。设计方式如何影响设计结果？建筑设计师是否通过使用铅笔和纸来绘制草图从而设计方案，而不是沉浸在 BIM 工作中？凭借设计过程的触觉或认知，是否会获得不同的设计结果？BIM 是否会导致特定的设计结果？

引言

作为一个富有成果的前提（苏格拉底在柏拉图对话集中称之为一个"可能的故事"），建筑（作为一种职业，尽管可能也是一种人工制品）经历了持续一个多世纪的演变。在希腊时代，"建筑师"来自于 άρχι 和 τέκτων 两个词，即"建筑师傅"，或者说是首席工匠。虽然有些建筑师也有建造能力，但很长一段时间以来，设计与建造是分离的。可以肯定的是，在欧洲，有些建筑师充当着"总工"的角色，他们的职能区别于设计建筑师。即使在美国，许多建筑师都是项目经理。与业主一样，他们的职能包括项目目标、进度安排、工序和预算，但他们自己不是建筑工人或匠人。或许并非巧合，很少有建筑师拥有建造方面的背景。不论怎样，建筑是根植于学术的行业。

可以说，像维也纳分离派、法比新艺术运动、英美工艺美术运动以及当代本土化了的相似艺术流派，都是反对机械化和工业化制造的艺术运动，这些运动已经持续一个多世纪了。（具有讽刺意味的是，现在人们可以在网上订购国外生产的工艺品家具，甚至可以免费送货，两天即达。我不反对这样的便利，但这种便利使建筑和艺术运动沦为一种没有深度的跟风。）机械化已经渗透到我们工作的社会性表达中，以至于手工艺品已经失去了工艺美术运动赋予它们的道德优越性，反而逐步被商品化或拜物化了。一个世纪前的窗户是定制手工制作，现如今的窗户是大规模生产。可以理解的是，毕竟用现代材料和工艺组装的窗户的确要出色得多。

一方面，建筑师不参与建造；另一方面，我们的建造流程越发游离于工艺之外（图1-1）。从哲学的角度来看，建筑师不会建造不是个问题；从词源学上解读"建筑师必须会建造"的说法，也可能过于咬文嚼字了。就我而言，我没有受过建造方面的训练，也没有去实践它的冲动。但是，在从设计到落地的过程中，设计的可施工性便会受到影响。况且，还可以通过施工来优化设计。比如一个精雕细刻的建筑设计可能会因为尺寸偏差或者组件顺序而妨碍了施工，那该如何是好呢？

图1-1 土建墙体的自动化施工。如果它不属于建筑领域，应该属于哪里呢？属于自动化编程领域吗（图片来源：施工机器人）

　　如果说有什么区别的话，建筑设计过程的抽象本质只会导致设计理念和其物理表现之间的差距。设计作品越抽象，差距就越大。建筑师喜欢手绘的线条，部分原因是它太抽象了：这种方式几乎没有实际意义，但我们仍然能从一些不易察觉的细节中揣摩出建筑师的意图。不间断的直线（已经胸有成竹），还是时断时续（隐约有一丝冲动，也可能是一种自然特征）？墨水（执牛耳者），还是软铅笔（谨慎试探者）？画在牛皮纸（定稿）还是随手涂鸦（探索性的），甚至是在餐巾纸上（灵光一闪）？这些推测都是主观的：它们均来自于观察者，他们用独有的文化视角将这些"意图"汇编成一个故事，就像在两点之间画出一条线一样。换而言之，这些都是相关人员主观臆断出来的（图 1-2）。

　　图 1-2　这些旅行草图传达的信息既有其遗漏之处，也有其明确之处。此外，建筑元素的表达是需要用户去揣测的

对于许多受过培训的建筑师来说，制图不仅仅是一种清晰传达复杂概念的手段。制图其本身就是一个认知过程，也是一种发现和探索。正如一位旅行者在抵达目的地之前无法想象旅行的细节，建筑师在绘制设计图之前也无法感知整体建筑。

我们现在想象一下 BIM。在当代 BIM 软件的加持下，硬线条渲染变得轻而易举；在草图模式中，它能通过可变参数来控制线条的抖动、密度等；论卡通彩色渲染，其质量好似大师程大锦⊖笔下的作品；论白模渲染，其效果堪比博物馆模型；论景深、模糊和复杂照明等，其真实感可以和照片以假乱真（图 1-3）。

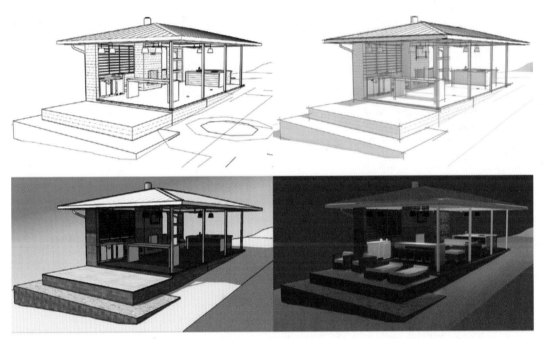

图 1-3　同一主体在通过一系列 BIM 渲染的模型，印证了在 BIM 中渲染方式的多样性

BIM 渲染图是不同于手绘图的，BIM 是设计完成后用于交流的。通常实践中，BIM 并不是一个探索性的工具。一些有经验的设计师认为 BIM 不是一种设计工具，而是适用于其他方式导出的设计细节、协调工作或文档（图 1-4）。通过模拟标准和模

⊖　程大锦，华裔美国著名建筑师。出版过多部阐释建筑与设计方面基础知识的畅销书，其中包括《世界建筑史》《图解建筑辞典》《建筑绘图》《图解室内设计》《图解建筑构造》等。——译者注

拟经验来判断数据化过程是一个错误。因为线条的范式并不能诠释 BIM，事实上，无论是抽象还是几何的 BIM，都是需要严格执行和严肃评估的数据，而不仅仅是一个图形。

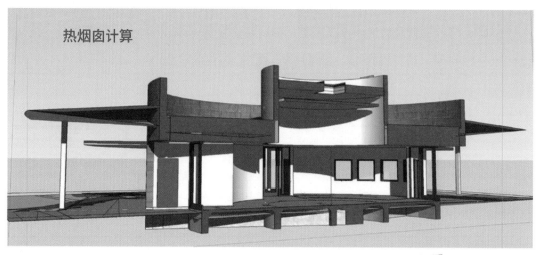

热烟囱计算

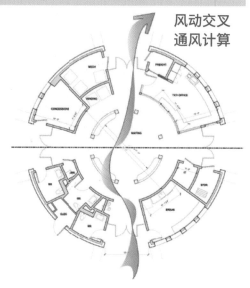

风动交叉通风计算

图 1-4　BIM 中的设计推敲。单个 BIM 模型用于评估一系列基于性能的设计决策。首都地区郊区的交通系统（CARTS）是由麦肯·亚当斯工作室（McCann Adams Studio）和杰克逊·麦克尔哈事务所（Jackson McElhaney Architects）设计，位于广场东侧公交项目；能源和可持续性分析由作者完成

BIM 存在什么问题呢？

　　2004 年，非著名的美国国家标准与技术研究所（NIST）的研究"保守地"指出，仅 2002 年美国资本设施行业的设计师和建设者就需要支付 53 亿美元的人工成本，这为建筑业使用 BIM 创造了客观条件。大型建筑公司、业主和设施管理人员又很大程度上推动了 BIM 的落地。尤其是利益相关者觉察到 BIM 的优势，它是一种更有效的管理建筑运营的潜在工具。施工方对能减少误差且数据丰富的 3D 建筑模型更感兴趣，该模型由各专业（建筑和土木、结构和机电工程）提供的子模型联合而成，但施工方更倾向于在内部重新建模，而不是重复使用联合模型。这种令人惊讶的低效与 BIM 的协作精神背道而驰，并且被施工方不同的运营参数所佐证。例如，更关注工序的人可能根据每次浇筑的最大混凝土体积，对整块的混凝土进行分块建模（图 1-5）。

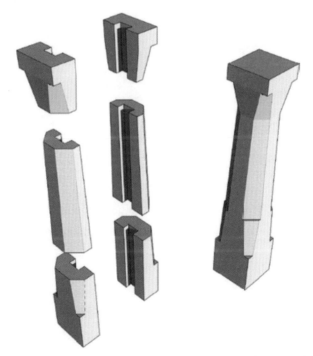

图 1-5　某项目中同一个石柱的两个混凝土构件 BIM 模型。右边的实例是按照建筑师所构想的最终造型来建模的。左边的分解模型是按照承包商和制造商所考虑的，整个铸造体被分解为不同的构件

另一方面，由于种种原因，建筑师往往不愿意采用 BIM。BIM 似乎增加了建筑师的工作量和交付成果，但没有得到相应的附加费用。BIM 需要新的软件、硬件和相关培训，但是没有增加报酬。此外，提高效率的说法也遭到了一些质疑。如果运用不当，BIM 只是另一种成本很高的文件格式。一言以蔽之，BIM 对业主和施工方的益处大于建筑师。

1. 错失良机

事实上，如果 BIM 唯一或主要目标是"更好、更快、更强"地用计算机辅助设计和制图（CAD，它被摒弃的原因很有可能是，人们常常用它"起草"而非"设计"），则常将 BIM 视为 CAD 的升级版。但是，将 BIM 视为 CAD 的升级版显然是短视的，因为这个想法直接忽略了 BIM 在设计方法上本质的改变。

2. 重新定义 BIM

关于 BIM 的本质已经有很多文章阐述过了；本章节除了简单的定义之外，其他不予赘述。此外，无论有意与否，定义往往带有主观色彩，附着了作者的立场或特定的观点。尽管如此，在基于 BIM 设计的前提下，以下几点讨论尤为重要：

（1）BIM 的社交属性和技术属性同等重要。

有些人强调说"BIM 不是一种技术"，实际上是在说 BIM 不是像 Revit 这样的独立、专有的技术软件，我认为这与事实相去甚远。此外，掌握 BIM 的社交运用对于团队的协同作用至关重要。也就是说，BIM 工作流允许多方共享项目的图形（几何）和表格（数字数据）。总之，BIM 不是孤岛，它可以接收和传输（导入和导出）非 BIM 数据。

（2）BIM 对参与者有认知影响。

BIM 要求设计师和项目参与者对设计、协调、协作和验证的过程进行不同维度的思考。工具和用户之间的关系不是单向的；设计工具会影响设计结果，到底是更容易实现、还是更难实现或者是压根不可能实现，我们选择的工具会对结果有所影响（见第 3 章）。

（3）BIM 是数据驱动的。

每个 BIM 文件都是一个集合建筑构件、活动和边界信息的综合数据库。BIM 构件的数据十分丰富。例如，一面墙包含几何信息（例如长度、高度、厚度、位置、表面积、体积等）；它还能前后呼应地包含深度信息，比如门、窗户或百叶窗式通风孔，并标记承重数据、防火等级、STC（传声系数）、R 值、密度、单位投入以及任何用户想定义的信息。这是不可小觑的功能，不仅因为它是 BIM 具有历史意义的特征，更是因为 BIM 的内在数据为设计师提供了更丰富的设计可能。

总而言之，BIM 是一种融合数据丰富的 3D、潜在的 4D 和 5D 的建筑模型的建筑数字环境和工作流，它可以将项目所有要素组合在一起，生成动态链接的图形和表格视图。

在复杂项目的设计和交付中应用 BIM

理查德·加伯（美国建筑师协会，Richard Garber，AIA GRO 建筑事务所，PLLC，美国纽约）

1. 概述

GRO 建筑事务所是一个多学科交叉的建筑事务所，从事室内设计到规划方案的各种项目（图 1-6）。在过去的 10 年里，我们越来越多地利用技术来完成项目，最初是通过数字制造，随着项目规模和复杂程度的增加而逐步采用 BIM。我们对这些技术的应用涵盖了设计、文档处理、制造、建筑交付等一系列协作过程。为了实现这一点，我们对允许多方参与的多维度设计工作流更感兴趣。

作为建筑师，改变工作流程不仅可以让我们的作品与设计施工团队进行整合，还可以将专业的传统运作领域转移到其他领域。也就是说，这种工作流程将建筑成果从主要的施工前阶段转移到直接涉及建筑实体问题的阶段。值得注意的是，这种建筑师远程工作的传统是由莱昂·巴蒂斯塔·阿尔贝蒂（Leon Batista Alberti）和其他扎根施工现场的建筑师建立起来的。随着 BIM 进一步扩大对设计实践的影响，无论是在新颖方面还是效率方面，这种新的生产模式将建筑师打造成像菲利波·布鲁内莱斯基（Filippo Brunelleschi）[⊖] 一般的建筑大师。

图 1-6　哈里森多功能交通导向开发项目（Harrison Mixed-Use Transit Oriented Development），新泽西州哈里森市。GRO 建筑事务所在大型项目的早期设计阶段使用 BIM。通过连接项目、材料、分配的程序、楼层数、单位指标和停车位数等变量，我们此次的实践是将 BIM 技术拓展到城市规划的新探索。*图片由 GRO 建筑师事务所提供*

2. 工作流程

在当代背景下，人们不禁要将建筑设计和施工工作流程与 25 年前革命性商业实践

⊖　菲利波·布鲁内莱斯基（Filippo Brunelleschi），意大利佛罗伦萨建筑师。作品有佛罗伦萨花之圣母大教堂的穹窿顶、圣洛伦佐教堂等。——译者注

的工作流程相比较，即 3D 建模软件最初涉足建筑行业的时期做比较。这些被称为流程重组（BPR）高度依赖信息技术（IT）来降低个人操作的重要性，将工作流程重新集中在实现价值上。有趣的是，无论是在建筑行业，还是在商业和企业开发中，都有一个术语是"可持续发展"，它被定义为对产品或过程的突破性和持续性的指数性增长。通过在动工前期进行更多的设计迭代和集成，BIM 让建筑师拓展他们的职能范围，完成更出色的作品。

20 世纪的建造方式是倾向不熟练的工人周而复始地重复工作，与此不同的是，BIM 的改进流程是不连续的。像威廉·爱德华兹·戴明（W.E.Demming）一干人等，一个设计施工都包含的团队可以带来不同但相关的建筑领域的方法。负责设计施工的大型团队共享着针对单一或中心模型不断合并和完善的过程。然而利害攸关的不是建筑设计过程变得过于规范化，而是技术化和技术合理化干扰其创新和效率，这在实践中时有发生。

为了说明使用数字工具的各种设计过程，下面的案例研究利用了一个工作流程，该工作流程通过 BIM 联合了团队和其他人来完成不同范围和规模的项目。

3. 案例分析：哈里森多功能交通导向开发项目

GRO 正在设计派斯铁路站（PATH）和红牛竞技场（Red Bull Arena）之间的多功能交通导向开发项目，该项目于 2010 年在新泽西州哈里森市开始运营，是一个集零售、酒店业、娱乐场所、住宅、办公室、停车场等项目的交通枢纽站，距曼哈顿下城约 20 分钟路程（图 1-7）。作为铁路（Amtrak，NJTransit，PATH）和道路（280 号州际公路，NJ Turnpike）等基础设施的枢纽，以及南下帕塞伊克河流域与纽瓦克湾的中枢，这一块 250 英亩（101.1 公顷）的前工业滨水区被视为需重建区域。自 2012 年以来，市政当局已计划将其转变为步行和交通为导向的模式。市政府社区规划顾问海尔格鲁公司（Heyer Gruel & Associates）的苏珊·格鲁（Susan Gruel）阐述了该地区的规划愿景，即"创造一个充满活力的多功能、交通导向、步行规模的发展区域，将哈里森（Harrison）打造为长远的地域性目的地。"

图 1-7　哈里森多功能交通导向开发项目（一），新泽西州哈里森市。基于实时输入操作 BIM 的过程使团队随时查看自动更改的指标。通过这一过程，GRO 能够在预算内设计更好方案。图片由 GRO 提供

GRO 提供的方案是通过十个阶段在通勤枢纽区建造 130 万平方英尺（120774 平方米）的系列性开发，包括 3500 个停车位，其中超过 2200 个是非限制停车位。有趣的是，停车位数是项目指标的驱动因素，原因是市政当局需要满足地铁扩建计划的要求。该计划是在 2012～2022 年，将纽瓦克、新泽西（西侧的最后一站）、泽西市、以及纽约以东的载客量从 7300 人增至 13000 人。设计团队设想了行人友好型动态组合模型，这将激活 PATH 站以西和 Arena 以东的区域（图 1-8）。

在新建环形巷道之后，一系列阶段性建筑被提上日程。该计划的关键要素是在多个建筑物下面建立一个 166800 平方英尺（15496 平方米）的零售基地，并计划通过一条 60 英尺（18.3 米）宽的步行街将新车站与竞技场连接起来（图 1-9）。

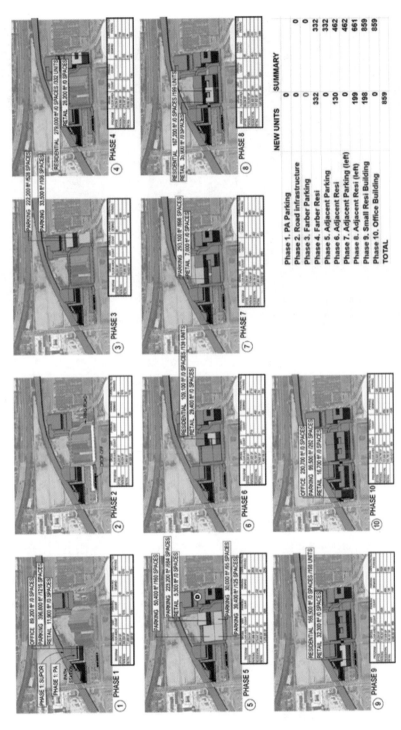

图 1-8　哈里森多功能交通导向开发项目（二），新泽西州哈里森市。GRO 在此城市规划项目中的 BIM 阶段性数据。该数据对于向市政当局说明预算下的停车位数量这一点上有决定性作用，这对于开发团队而言也是至关重要的。图片由 GRO 提供

图 1-9　哈里森多功能交通导向开发项目（三），新泽西州哈里森市。连接派斯铁路站（PATH）和红牛竞技场（Red Bull Arena）之间 60 英尺（18.3 米）宽的步行街是该项目的重要元素。该步行街有很多零售业店铺，可确保通勤者和足球球迷在哈里森进行零售和酒店消费。*图片由 GRO 提供*

GRO 对如何将数字工具应用到城市规划做了很多研究（最初用于展览和小型建筑）。尽管建模系统的使用方式与编制单个建筑的施工图文件所用的方式不同，但 BIM 被大量用于了解现场规划的建筑物的实时开发指标，因为这些指标与市政当局正在进行的重建计划有关。具体来说，**BIM** 的参数化更新数据功能确保了设计团队能够与其他参与方（市政当局、投资者等）共享当前信息。从新道路规划中的半径修订到特定地点的边界划分，**BIM** 实时考虑了总体规划的变化。通过为住宅和停车项目确定正常损耗因素和单位大小，总建筑面积和单位面积都有所保留。影子追踪研究可以呈现建筑物适当的高度，并将其纳入可修订的重建计划中。不仅如此，通过 BIM 对各个里程碑的规划也更令人信服。

该模型还可以通过 CSV 数据进行链接和共享，呈现出对投资者有价值的项目开发条款表以及初步成本估算。这样，项目每个阶段的成本都会通过精确的财务档案体现出来。

BIM 最显著的功能就是使一个复杂的团队众志成城地推动项目的实施。建筑师仍然是数据的设计者和提供者，但规划师、律师、财务顾问、开发商代表、交通专员和市政官员等这些设计师和工程顾问以外的人也可以对数据进行解析和转换。BIM 可以作为所有参与方的通用语言。

可能会增加建筑师在项目设计和交付中的工作范畴和职责，BIM 是可以通过多种方式解析的精确数据，参与者能够获得更多信息。其目的可不是围绕甲方的按图索骥，设计师始终是主导。但在设计工作流程中，尤其是在施工前期，更周到地考虑问题可以保持畅通地沟通，在交付过程中协作更有效率。

学术界的 BIM：如何传授 BIM

在教育界，对建筑信息模型的态度有很多。有的全面认可 BIM，有的暗示 BIM "只是一种工具"，也有的将 BIM 视为非必要内容。在一些建筑学校，BIM 被作为一门独特技术的课程，就像学生们学习视觉传达、静力学或环境控制一样。在有些课程设置里，BIM 在正式课程里没有被提及，学生们应该在闲暇之余自学，就像从 YouTube 学习 Photoshop 一样。我感觉，越是认为自己是高等设计学府，BIM 就越被视为 "一种工具"，越少人会为之进行学术钻研。自然而然地，在 "设计导向" 的项目中遇到对 BIM 持肯定观点的学术派的概率，就像人们在 "技术导向" 的项目中可能遇到勒德派[⊖]一样少。

南加州大学建筑学院的助理教授凯伦·肯塞克（Karen Kensek）是建筑计算机应用的讲师，也是立面构造学会委员会成员，她和她的同事道格拉斯·诺布尔（Douglas Noble）一起组织南加州大学建筑学院的年度 BIM 会议。她说，目前南加州大学在建

⊖ 勒德派是 19 世纪英国工业革命时期，因为机器代替了人力而失业的技术工人。现在引申为持有反机械化以及反自动化观点的人。——译者注

筑课程中采用了双轨制，在必修课和选修课中同时向研究生和本科生教授 BIM。首先，BIM 被纳入必修专业实践课程的第二学期，重点是利用图纸在设计和施工过程中各方相关者之间进行沟通。学生们开发的综合项目还包括机械和结构部件，同时强调设计图纸和文件图纸之间协调的重要性。客座讲师来自建筑学、工程学领域，他们在课堂上讲述 BIM 在行业中的创新应用。

在选修本科 BIM 课程中，通常会有一个每年都会变化的次要主题；过去一直是将 BIM 与分析软件结合使用，特别是用于可持续设计和协作。这个班的学生大多来自建筑学专业，也有一些来自测绘学专业。该课程的研究包括一个强大的 BIM 可视化编程（或图形化脚本）课程，学生在其中学习如何开发和创建新工具。这门课也吸引了其他学科的学生，包括建筑学、建筑科学和工程专业。我们鼓励感兴趣的学生选修建筑管理专业的 BIM 研究生课程，因为它涵盖了多个维度的内容。

南加州大学的建筑课程在本科和研究生阶段提供了 BIM 或相关主题的选修课程，包括高级计算、高级制造、建筑技术、建筑中的计算机应用、描述性和计算性建筑几何、建筑数字工具，园林设计方面的三维设计、计算机技术理论等。

除了课程作业，研究生还可以在论文中钻研 BIM。最近的课题包括 BIM 和能源软件之间的互用性、BIM 和 VR，以及 BIM 在文物保护中的潜在用途等。CAD 和 3D 建模的出现带来了一个新趋势，那就是将更多的理念和学科融会贯通，BIM 逐渐聚焦到更先进和更创新的课题中（图 1-10）。

在所有的学术环境中，学生对学习技能和就业需求之间的关系惴惴不安，这种焦虑可能使学生对技术的使用有反作用力，甚至有学生会跳过对技术的进一步理解。肯塞克承认，学生们的确会为了漂亮的简历而学习技术软件，但这并不一定会舍弃深度思考。理想的教学方法是结合这两种趋势而设计，以达到相互促进的效果。她的作业布置，往往是以与概念连接紧密的软件实操为基础，同样也包含大量适当的阅读内容。例如，她强调的某课题是在构建模型中数据的使用，以及如何将数据传输或者不传输到其他软件程序中；长远来看，相较于学习有实用价值的软件，学生学习过程中的成败更为重要。有时，学生会学到一些他们认为不重要的东西；某学期，肯塞克花了几个星期的时间在教 C 语言编程，她觉得编码经验对学生是受益良多的。

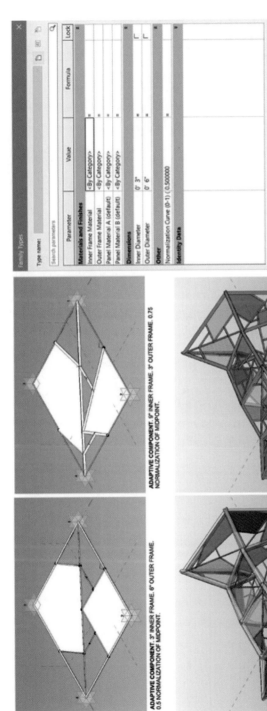

TO CONTRAST THE RECTILINEAR WOOD COLUMN ARRAYS OF THE VISITOR CENTER, THE TRELLIS IS DESIGNED LIKE A DEMENTED PRISM OF BROKEN STAINED GLASS. THE ADAPTIVE COMPONENT MORPHS TO ENHANCE THIS IDEA ACROSS ANY 4-POINT SHAPE.

INNER/OUTER FRAME MATERIAL: ABILITY TO SELECT MATERIAL OF FRAME. TYPE PARAMETER.

PANEL AB MATERIAL: ABILITY TO SELECT MATERIAL OF PANEL A (NODE 2 CORNER) AND PANEL B (NODE 3 CORNER). INSTANCE PARAMETER.

INNER/OUTER DIAMETER: ABILITY TO MODIFY THICKNESS OF FRAMING. TYPE PARAMETER.

NORMALIZATION CURVE (0-1): ABILITY TO MOVE MIDPOINT OF ADAPTIVE COMPONENT ON A 0-1 SCALE BETWEEN NODES 1 AND 4. INSTANCE PARAMETER.

ADAPTIVE COMPONENT. 3" INNER FRAME. 3" OUTER FRAME. 0.75 NORMALIZATION OF MIDPOINT.

ADAPTIVE COMPONENT. 3" INNER FRAME. 6" OUTER FRAME. 0.5 NORMALIZATION OF MIDPOINT.

TRELLIS WITH COLORED GLASS PANELS.
DEFAULT REVIT FRAME MATERIAL. 6" OUTER FRAME. 3" INNER FRAME. VARIOUS NORMALIZATION OF MIDPOINTS.

TRELLIS WITH COLORED GLASS AND WOOD PANELS.
GLASS FRAME MATERIAL. 12" OUTER FRAME. 3" INNER FRAME. VARIOUS NORMALIZATION OF MIDPOINTS.

图1-10 某个输入和算法操作生成三维模型的图形脚本的案例。图片来源：诺亚・切纳（Noah Chemer），南加州大学建筑学院学生

肯塞克说，参加过南加州大学 BIM 会议的学生们会很惊讶，从教授和客座讲师那里学到的不仅是学术练习，还有实际应用价值。他们认识到，BIM 比他们想象得更广泛、更令人兴奋，它不是某个软件或某个单一的主题，而是一个涉及设计、施工甚至设备管理的广泛领域。学生们看到了广阔天地，并希望从事此行。

学生们对图形化脚本的热衷远远超过了大多数建筑师（老资历的专业人士可能会认为，与 Rhino 这样的 3D 设计软件相比，Grasshopper 的图形化脚本功能已是"昨日黄花"）。虽然可视化编程可能是年轻设计师期盼的下一次设计技术浪潮，但在厨房改造、医疗项目、K12 学校和建筑申请等日常项目里，它是个没什么关联性的小众设计工具。但对于肯塞克来说，编程和脚本是非常重要的，因为它们允许其他的设计师参与其中。此外，掌握编码就是掌握自由：它可以实现数字世界定制化，而不是被软件开发人员的工具所束缚。

在她的研究生 BIM 课程中，肯塞克目前的方法是布置相对简单的练习，以免使学生们感到沮丧或受挫。例如，某项任务是根据阳光的位置更改入口的尺寸。她为学生们提供了一个开放式的团队项目，让他们能够随着兴趣去探索。有时学生们的成果展现是令人兴奋或惊讶的。有一年，一组学生演示了使用 Alexa[⊖] 让他们的 3D 模型响应语音命令来打开和关闭阴影设备，让人印象深刻。一些学生得出结论说编码不适合他们，但也有人在新认知的领域里找到工作。

展望未来，肯塞克看好很多新兴技术，这些技术都符合 BIM 应用的"大帐篷"范围：大数据、模拟、增材制造（3D 打印）和快速复原、图形化脚本、数据驱动设计、无人机、机器人建造、虚拟现实 VR 和增强现实 AR（图 1-11 和图 1-12）。肯塞克公布了另一项新兴技术：环境传感器与 BIM 的集成，使用 Arduino 或类似设备来模拟建筑环境。这种简单的单芯片微机能用编程语言的程序来执行项目。它可以作为一个软件界面、一个机器人控制系统、一个数据记录器以及一系列可用的传感器，用于动态响应艺术装置和其他应用。尽管建筑实践中的技术生态系统不断扩充，但肯塞克在适宜的应用技术方面更乐观，她的学校和其他院校正在探索令人兴奋的新空间，这一切

⊖　Alexa 是亚马逊开发的个人语音助理——译者注

只需在建筑工作室寻找灵感！

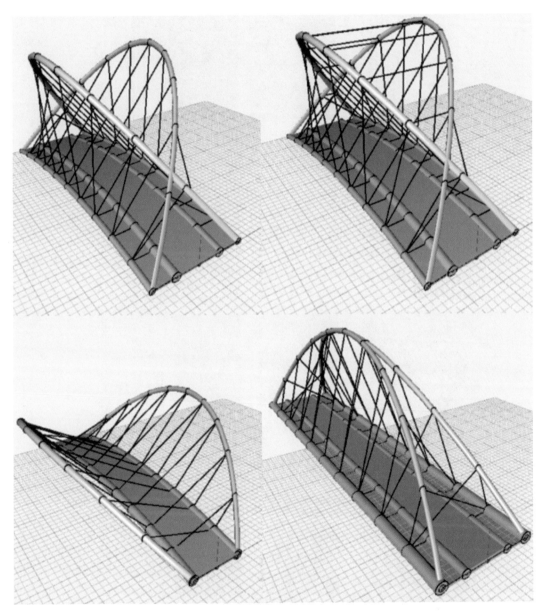

图 1-11 改变输入变量以实现参数弓形桁架设计建模结果变化的排列。图片来源：诺亚·切纳（Noah Cherner），南加州大学建筑学院学生

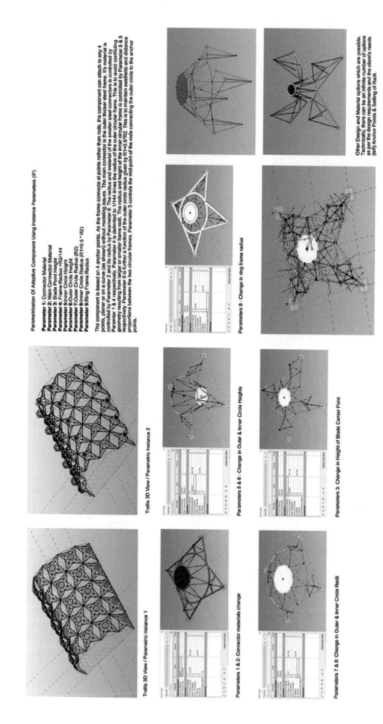

图 1-12　运算 BIM 概念建模练习。图片来源：库什纳夫·罗伊（Kushnav Roy），南加州大学建筑学院学生

案例分离：瓜达卢佩停车场绿植墙试点项目

达内尔·布里斯科（Danelle Briscoe），得克萨斯大学奥斯汀分校建筑学院建筑系助理教授，

得克萨斯州奥斯汀市

这项提案由首席研究员马克·西蒙斯（Mark Simmons）和前犹他州立大学学院院长弗里茨·施泰纳（Fritz Steiner）共同提出，他们构想了一堵绿植墙，植物或附着在网格结构上（"绿色外墙"），或植根于附在墙上的生长介质里（类似于校园里设计和建造出来的"活墙"）。这是一堵具有保护环境和分隔结构的墙面，既美观又实用。它可以是一个有效的空气净化系统：墙壁是一个天然的空气过滤器，当空气通过或穿过墙壁时，可以去除空气中的颗粒物、臭氧、挥发性有机化合物和二氧化碳；此外，绿植墙可以冷却建筑表面和内部空间，甚至可以降低建筑周围的环境空气温度，有助于减轻城市热岛效应，通过蒸腾作用和土壤渗透缓解雨水滞留，以及养成动物栖息地，比如传粉动物（蜂鸟、蝴蝶）、鸣禽和猛禽（猫头鹰、鹰）。

然而，在炎热干燥的气候条件下设计大面积的绿植墙是很有挑战性的，适宜的系统和植被种类等问题还尚付阙如。西蒙斯和布里斯科之前就植被屋顶或墙壁的适宜性的研究表明，有一系列植物适合这种应用，它们能耐受根部高温和有限的水分供给，然而这一结论还没有在亚热带气候下进行广泛的测试。

确定结构方案的关键因素是土壤体积、现有的建筑用地，以及作为网格、容器和生物栖息地的物种多样性的需求。作为在车库的楼层间种植植物的一种方式，该项目需要在混凝土材质的拱肩后面制造"槽状"土壤容器，沿着西墙减少停车位缝隙以紧凑空间。灌溉和排水系统也将融合在该系统中。这种容器将为绿植墙提供更大的土壤体积，还可以抵御西晒阳光来进行自我遮阴。网格框架下的生物系统将实现更为复杂的动物（如鸟类或蝙蝠等生物）栖息地。

（1）先进的 3D 打印。BIM 中不同色块的 3D 模块生动体现了不同的植被种类，以优化模式制作（图 1-13）；BIM 是设计及制造过程中不可或缺的一部分，因为最初的模块化研究可以很容易地转换为 STL 文件进行 3D 打印，彩色 3D 模块可以具象化植物的版式。以墙上四个单元格为样本进行为期一年的数据监控，数据能够通过二维

码和智能水系统［来自于 UT 水设施维护主管马库斯·霍格（Marcus Hogue）］，以
交互方式报告其物理状态。这种新颖的 BIM 建模方法是通过软件检测选定单元格的活
性，更详细地说，是通过监测水分分布和温度来实现的。

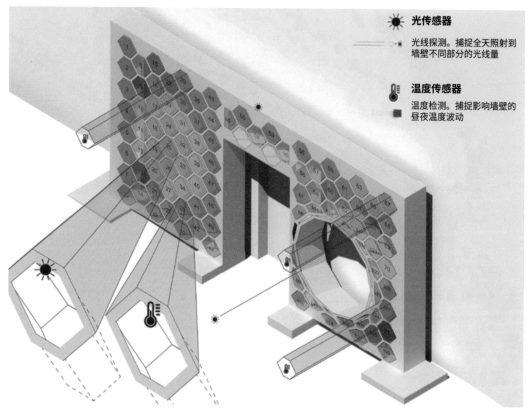

图 1-13　得克萨斯大学奥斯汀分校建筑学院的 BIM 模型植被墙的种植、光和温度传感器的轴测图。
图片由达内尔·布里斯科（Danelle Briscoe）提供

　　（2）先进的协调能力。除了改进文档联动处理和多方协调外，BIM 还可以协调相
关人员就种植园部分的深度进行交流，这是决定性因素之一（图 1-14）。有几个隐患
问题亟待解决：这堵墙靠近圣哈辛托大街上的一条输电线，掩埋成本太高；另一方面，
生态学家和景观设计师更喜欢使用尽可能多的土壤（主要考虑到根温）。BIM 通过调
整组件的倾斜角度（即倾斜的几何体），设计了一个自遮阳单元格，根据过去的经验，
仙人掌可以在 100 ℉（38℃）的气温内将根温降低 30 ℉（17℃）。

图 1-14　在得克萨斯大学奥斯汀分校建筑学院校园内完工并使用的绿植墙原型。图片来源：惠特·普雷斯顿（Whit Preston）摄影

（3）新颖的组合方式。特殊的组合方式的设计往往可以通过 BIM 中的进度功能和具备丰富数据的"材料"功能就能找到。在 Revit 的"材质编辑器"中，每个单元格都被指定了颜色和相应的植物物种（由美国约翰逊夫人野花中心生态学家指定）。植物参数会被嵌入到每种类型的"属性"菜单中，然后可以将其作为每个部分的工程的预算进行规划，就像是建筑物料的总和一样。通过将每种植物类型作为某个单一的抽象颜色来读取，信息模型更清晰易读，在保留数据表中所有信息的前提下还能减少内存（图 1-15）。六边形的配对形成了一个嵌套解决方案，以减少文件大小并减少每个潜在模式的计算生成时间。管理流程和渲染时间对于提高项目不同组件之间的互用性至关重要。必须精确知悉植物种类和数量，这不仅涉及编制预算，更决定了对水分利用和土壤耐性等因素的影响。

（4）新奇的设计流程。我们尝试使用包含每个植物的大量图片内容（RPC）的 Revit 族文件，以帮助实现图案的可视化，并生成图案的演变渲染效果。实际上，二维和三维视图可以使用简单的线条作为占位符号来显示植物环境。在追求数据与矢量的关系时，占位符号常常因为方向不一致而"生成错误"。当渲染三维视图时，虽然真实的植物环境可以渲染在图像中，但实际上计算和渲染需要消耗大量元素，并且渲

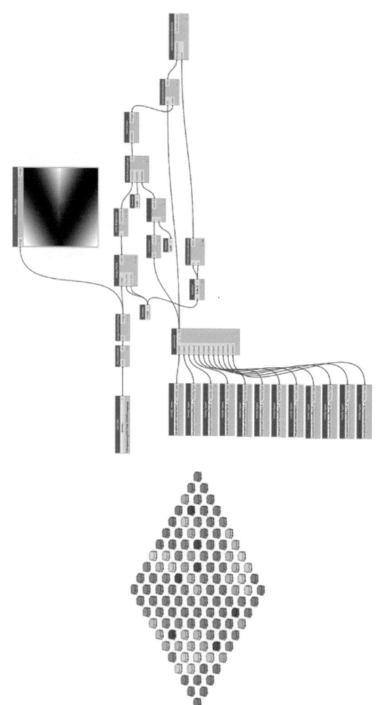

图 1-15　用于生成彩色编码的花盆单元格图形化脚本。用 Dynamo 编程的灰色块排列在一个可视化的流程图中；"线"表示数据流和操作流从左到右。自动模型输出可以通过改变输入变量来达到快速变换更换和迭代。图片由达内尔·布里斯科（Danelle Briscoe）提供

染质量也不理想。有个可替代方法是，减少每个组件的冗余数据并创建更多的嵌套组件，以便每个组件在模式生成中充当代理角色。

创建种植模式的算法是将每个不同的六边形组件分配给位图相应像素的灰度值。这种方法不同于可视化编程的常见做法，因为每种模式都会产生源于生态关系或可行性的物料统计。例如，在一个位图图案中，黑白渐变应用程序被反转，图案的美观性也由于植物颜色而随之改变。这个对应关系的微小改动极大地影响了测试的成本和由植物组合产生的鳞翅目（蝴蝶）互动的比率。在这种情况下，垂穗草的数量翻了一番，成本和性能都受到影响，因为生态优化与视觉模式中的植物分布息息相关。

（5）物种选择。植物选择基于多种因素：附着于屋顶或花盆的生存能力、生态区概况（例如潮湿或干燥的土壤）和栖息地的重要性。在城市环境中找到那些容易被绿植墙吸引的生物种类，通过食物或建造栖息地的方式对其进行引诱，比如变色蜥蜴、墨西哥无尾蝠、蝴蝶类和蜂鸟。BIM 用参数化控制和安排种植方案的方式，为所选物种设计栖息地（图 1-16）。本试验将采用其中一个种植计划，出于设计反馈的目的，植物关系具体信息可以从试验中标记出来，作为帮助和改进完整生物栖息地的数据。这一举措将在 BIM 模型的仿真模拟中得到进一步的探索和研究。

（6）BIM 的里程碑。该项目见证了几项里程碑式的质变：

进一步发掘了图形化脚本在景观和建造维度里深度处理可视化编程的潜力（本案例使用 Dynamo）。

强调 BIM 数据处理能力，不仅仅局限在图纸上或建模过程中。这意味着 BIM 不再是一种类似 CAD 的文档处理工具。

使用 Revit 或 Dynamo 作为生态和景观

图 1-16 校园原型墙详图，图示为一个六边种植格中的鸟巢。图片来源：惠特·普雷斯顿（Whit Preston）摄影

设计工具，在多个学科之间建立协作数据库；更具体地说，通过 Navisworks 这样的 4D 和 5D 平台，部署 BIM 来支持生态行为的设计、调度和观察跟踪。

进一步改进和简化 BIM 设计过程。目前的应用至少需要三到四个程序，这可能是一个需要创新的领域。

进一步的研究将调查组件与视觉模式对应的方式，标记样本中的互利关系（类似于标记碰撞检测实例）。例如，相邻两个生态等级较高的植物可能会触发指示图形以提醒设计师。换句话说，模式的优化是显而易见的。

结语

"建筑学"作为实践学科，在设计和建造之间总是存在着一种天然的对立。我们甚至戏称公司为"实践所"。建造是关于外部体验的，无论是被物化为雕塑对象（我喜欢它作为一种东西），或者作为一个具有空间组织、光线、视野、材料、纹理和声学等特质的现象学的体验；而设计是半创造半分析的生产过程。即使可以完全消除建造和设计两者之间的歧义，也不一定能证明结果就是完美的。

建筑作为实体化的人工制品，往往需要通过感知、理解或想象以达到感同身受的境界。康德对于美和崇高的观点是，前者仅是审美吸引，后者则通过使观众在庄严面前退缩而引起敬畏。在康德看来，崇高应该在大自然中寻找，因为在大自然的威严面前，人类是渺小的。但我认为，伟大的建筑（即使规模不大）也可以是崇高的，当我们体验到它时，我们本能地或潜意识地感知到人类在建造它时付出的呕心沥血。在设计时，细致入微会大大提升作品的价值。

就其本身而言，设计过程仅仅是一个脱离人工制作的脑力和概念上的练习。更为务实地说，设计是通过施工来打磨的。一个良好设计是基于一系列丰富的考量，包括材料特性、施工技术规范、安装工序，甚至建筑材料的相对成本。我们必须"吃一堑长一智"，特别是在落地过程中被折磨或者付出过高昂代价的错误。在刚从学校毕业时，我只待在办公室里，通过模仿别人来学习制图细节。后来我把时间花在工地上后，才真正明白自己在做什么，直到那个时候我才能真正提供有意义地扩初方案。建筑作品诞生于预想现实（场地、环境、社会背景）和施工现实（材料、劳动力、时间和成本）。为了适应或改变这些现实，设计师必须了解每个方面及其协调关系，这些需要通过模拟、试验和试错等调研过程来实现。

这样的调研过程是设计和建造的基础。非设计人员可能会在"建筑师是艺术家"的印象下工作，他们以为的设计会像"全副武装"的雅典娜一样从建筑师的脑子里蹦出来。不排除我们中的某些人骨骼精奇又天赋异禀。但根据我的经验，一个设计是产生于对地域、对客户或用户的需求，以及对施工时的实际情况的调查过程的。BIM 提供了在各种相互依赖的因素间进行探究和调查的机会：在现有或拟议的条件下三维建模，再对该几何体自有或附加的数据加以分析。在某些情况下，BIM 还可以进行设计计算，模拟构成元素的性能，还可以用算法生成对可变输入的不同结果（图 1-17）。总而言之，调研是重中之重。

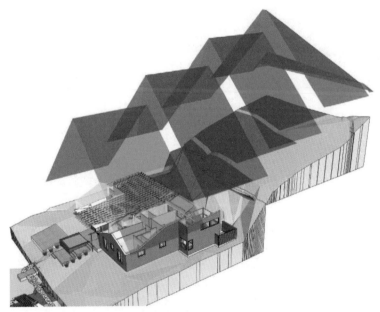

图 1-17　现场实勘和标准化调研是设计灵感的"泉眼"；特别是 BIM 和运算设计是探索之旅的"百宝箱"

第二章

BIM 的过去
和现在

建筑信息模型（BIM）在各种实践中的应用相当广泛，尽管在小型公司中的应用程度较低，但从大型建筑、工程和建筑（AEC）设计 - 建造公司到独立设计师作品，BIM 包罗万象。除了进一步拓宽 BIM 的工作定义，本章还追溯了 BIM 的历史，包括其源于计算机辅助设计（CAD）及其在当今建筑行业中的应用。

BIM 简史

我们知晓的 BIM 在过去 40 年里发生了巨大的裂变和演化，当下已经成为公共和商业建筑行业所涉及的文档处理、施工，乃至某些设计或验证工作流程中约定俗成的标准，在小型商业和住宅项目中也愈发常见（虽然还不普遍）。要理解 BIM 的起源，我们首先需要定义它是什么：

（1）BIM 是将信息、工作流程、作业步骤、关联关系和沟通交流等集合于同一数字工具的最佳体现。

（2）BIM 具有复合性，能够精准处理整个项目周期中的静态和动态信息。

（3）BIM 是一个综合几何和非几何信息的数据库，能够实现持续不断的编辑及查询功能。

（4）BIM 最有价值的是可以实现在多种建筑行业技术和工作流程中的可读性和互用性。

（5）只有便于使用，且能够随着项目进度持续迭代的 BIM，才是真正的 BIM。

BIM 发展之前是 CAD 的发展应用时代，再往前推演，所有建筑环境的说明和指示则是通过手工绘制来传达的。比如借助工程绘图板、T 字尺、曲线板、针笔和自动铅笔、自动和电动橡皮、大量模板和各种各样的刻字工具等绘图工具。CAD 看起来和手绘非常不同，但实际上是"新壶装老酒"。尽管在信息传输的一致性、速度和准确性方面 CAD 有所改进，但终究还是二维平面的绘图工具。自 20 世纪 70 年代以来，CAD 工具使用矢量来定义固定的几何形状，这些已经被应用于建筑文档。虽然许多

CAD 应用程序已经涉及 3D 建模功能，但主体上仍然遵循旧的 2D 绘图范式。CAD 仍然需要手动"整合"建筑部分，并且没有相关的智能语句附着在绘图元素上。也就是说，一对填充的平行线仅仅代表墙壁，却不会显示墙的属性。同样地，粗线矩形没有与它表示的柱体的任何数据，因此限制了在算法和结构上做分析。此外，如果设计有任何改动，用户基本上需要手动更新所有的 CAD 图。本质上说，CAD 只是用鼠标和显示屏取代了原来的纸和笔，这两种方法同样容易出错，冗长且乏味。最值得注意的是，在这两种制式里，项目的交付完全依赖于图纸本身的质量和完整性。这些手工编写的图纸纯粹是为了表达如何建造建筑物的信息（图 2-1）。而此类图纸的解释范围过

手工绘图的目标
高效生产干净整洁的图纸

策略	减少画面污染	减少工具更换	一致的线宽	清晰的标记
手段	从左上到右下绘制 保持肘关节离开图面 润滑绘图工具 减少工具与图面的接触	先绘制所有基准线 依照基准线绘制所有弧线 再绘制所有直线	线条末尾加粗 绘制时旋转铅笔 针对不同线宽选择笔芯硬度	使用平行线尺 使用三角尺 绘制标题时使用标签机器
工具	图纸保护夹 地面橡胶 固定钉	圆规 圆模板 基准线尺 平行尺 三角尺	笔芯研磨器 锥子 铅笔卡钳 铅芯	平行线尺 标签机器 字母尺 平移尺 三角尺

CAD绘图的目标
传达建筑设计

策略	一次性出图	高效使用数据	保持图形一致性	信息丰富的对象
手段	确保图层信息不重复 使用实例绘制并管理重复的图元 将链接视图用于总图和详图	可以使用多边形时，不使用直线和圆弧 尽可能使用节省计算资源的填充图案	在企业内部使用统一的绘图规则 为类别/图层指定线宽/画笔颜色 使用一致的图形符号	使用属性/记录将数据附着到对象 创建可以从"设计"过渡到"生产"的对象
工具	单元 图层 块 标志 链接视图	多边形，直线 重置多边形 线宽，线型 图形 属性	样板 图层，类型 符号库 标准 手册	数据库记录 对象 属性 图层 类型

图 2-1　手绘过程（上图）与 CAD "规则"（下图）进行比较。它们都有自己独特的认知能力，但都要求用户将不连贯的二维图纸解读并推断出三维项目。图片来源：得州奥斯汀大学的课堂演示，作者是罗伯特·F. 安德森（Robert F. Anderson）

于宽泛，可能导致隐患不断。

虽然手工和数字绘图在设计实践中仍占有一席之地（例如，为场地规划迅速生成概念图或模拟图），但这些方法面对管理现代建筑海量又复杂的信息是失效的，无论是从绘制技术图纸所需的时间，还是从纠正人为错误的成本来看都是如此。因此，BIM 设计工具出现了。

以产品制造工业、航天工业和汽车工业率先使用的软件和工作流程为参考（即产品生命周期管理或 PLM），BIM 是一个结构完整、语义描述良好的数据库，该数据库能够处理和识别复杂的三维几何和相关信息。这样的几何形状可以由参数构建（所谓"参数模型"），但并非所有 BIM 都必须参数化。保守估计，建筑行业在过去 20 年中已逐渐采用以 BIM 作为首选技术的工作流程。BIM 的与众不同在于，它不单单是一个软件技术，更重要的是，它是一个囊括了数字化建模和信息化数据库的协作管理过程，涉及各个项目相关方和利益相关者。BIM 可以允许多个用户提交和访问信息，从而在交互的工作流中以多种渠道同步添加 / 修改信息（图 2-2）。

图 2-2 在 BIM 中，绘画视图（"图纸"）、进度数据和报告都是从一个综合、复杂、数据丰富的建筑模型中提取出来的

恰到好处的 BIM 项目

在早期，BIM 被视为一种专门用于大型复杂项目的工艺流程。这种情况有以下几个原因：

（1）BIM 在很大程度上被认为（这种观点仍然存在）首先有益于施工管理，其次是设施管理和文档处理，最后才是差强人意的设计应用。

（2）大型项目意味着一定程度的复杂性以及大量的繁复做工，这两者都得依赖更高程度的智能自动化。

（3）较小的项目往往只涉及小团队，其中设计数据（或图纸）的广泛共享远少于大型设计团队。由于 BIM 强调不同专业共享的通用或中心模型，大部分小公司可能会觉得这些能力与他们的设计和文档处理过程无关。

（4）BIM 作为一种新的软件技术（尽管它不止于此），其具备远超于 CAD 的复杂性，BIM 软件的开发成本很高。大公司可能更容易承担软件成本。同样，BIM 软件的大计算量需要更高性能的硬件。这样的"人均费用"对于大公司更容易承受。

然而，随着软件价格的下降，技术成熟度的不断提高，BIM 逐渐成为设计和施工的利器。

最近公布的美国建筑师协会调查报告显示，2013 年和 2015 年，小型企业采用BIM 的比例为 28%。有趣的是，麦格劳—希尔的一项同期调查显示（调查样本包含了宽泛的 AEC 公司，不仅止于建筑），小型企业的采用率从 2009 年的 25% 提高至 2012 年的 49%（图 2-3）。显而易见，BIM 已经在小型企业中大展宏图，但使用 BIM 工作流程的小型建筑企业仍然是少数。

尽管如此，本书中的案例研究和全球实践者已经有所证明，无论项目规模如何，BIM 都可以提供很多助力。70% 的小型企业不愿意接受 BIM，其中一个原因是 BIM 不适用于设计，这显然是一个误解，本次研究和之前的研究都试图纠正这个误解。即便在悲观的报告中采用率低于 30% 的情况下，仍有超过 1/4 的小型企业在使用 BIM。基于 BIM 工作流程设计的多类型小项目的数量也是令人信服的。然而，这些企业是如

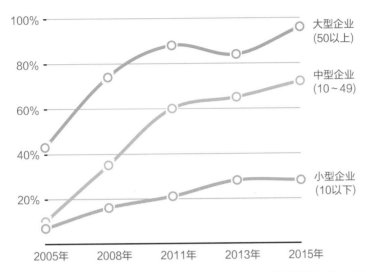

100%　　　　　　　　　　　　　　　　　大型企业
　　　　　　　　　　　　　　　　　　　(50以上)

80%

60%　　　　　　　　　　　　　　　　　中型企业
　　　　　　　　　　　　　　　　　　　(10～49)

40%

20%　　　　　　　　　　　　　　　　　小型企业
　　　　　　　　　　　　　　　　　　　(10以下)

2005年　　2008年　　2011年　　2013年　　2015年

图 2-3　近年来，大型企业采用 BIM 的情况有所增加，但小型企业似乎停滞不前。图片由美国建筑师协会提供，摘自 2016 年公司调查报告"建筑行业"

何使用 BIM 还是个未知数。大多数设计师是否在过程结束时才使用，还是仅用于后期设计开发和施工图文件，而用其他工具进行原理图设计和早期设计开发？有人怀疑是这样的。即便如此，已有足够多的企业正确地使用 BIM 足以证明，即使不是所有的企业都用 BIM，但任何企业都可以用。本书会证实这一点。

BIM 主流设计软件和相关技术

目前有许多 BIM 设计软件可供 AEC 专业人士使用，还没有一个"超级"的软件供所有项目或所有参与者，乃至所有地区共享。购买 BIM 软件不应仅着眼于该工具的当前能力和初始授权费用；相反，应将其视为一项包括未来发展、新内容和文件类型生成以及持续培训的长远投资。虽然，在当前业界已经有几十种类似 BIM 软件涉及各个参与方，但将重点放在建筑师目前使用的 BIM 软件是合乎情理的，因为它们对建筑设计和信息工作流程的影响颇深。以下 BIM 设计软件并非详尽无遗，但确实是美国建筑行业目前采用的主流工具。每种工具都按照其当前版本、操作平台、用户界面、产品系列、文件组织、互用性、参数化组件库的范围和可扩展性等方面进行了描述。

　　Autodesk 公司的 Revit 是美国建筑行业中应用最广泛的 BIM 设计软件。该软件每年更新一次，通常在早春发布，只适用于 Windows 操作系统。与所有 BIM 软件一样，Revit 旨在允许用户使用多种建模选项，以满足各种建筑项目类型和工作流程的设计和文档需求。UX（用户体验）中不可避免地有一定的复杂性，因此用户应该为培训分配资源（时间和资金）。在对自由建模和概念设计环境方面改进的同时，Revit 还以其在扩初设计和从模型中提取协调技术方面的功能而闻名（图 2-4）。除了建模和文档处理外，该软件还提供了一个专有的渲染引擎 Raytracer，意在提供照片级真实感的视图选项。Autodesk 更倾向于使用软件即服务（SaaS）模式授权软件，用户需支付年度订阅费，只要用户继续付费，软件会自动升级和持续访问。Revit 作为一个单独的产品每年 2200 美元；作为与建筑、工程和建筑施工相关系列的组成部分，Revit 占订阅费（2690 美元）中 20% 的额外费用，但在授权单独的应用程序时，折扣力度还是很大的。

Autodesk AEC 系列中的 BIM 产品包括：

　　Revit（具有建筑、结构和机电的桌面工具、基于云服务的结构分析和支持 VR）

　　Navisworks 管理（用于模型分析和 4D 仿真）

　　FormIt Pro（用于原理图设计的网页和手机应用程序）

　　Insight（用于建筑能量建模、仿真和分析的 Revit 和 FormIt 的插件）

　　Recap Pro（点云管理）

　　Structural Bridge Design（桥梁设计）

　　Advance Steel（钢结构设计）

　　Robot Structural Analysis Professional（机器人结构分析专业）

　　Dynamo Studio（所有 Autodesk 工具的可视化编程环境）

　　Autodesk Rendering（基于云的渲染服务）

　　3ds Max（常规建模、动画和渲染）

　　A360 Cloud Storage（云存储）

图 2-4　Autodesk 公司的 Revit 作为 BIM 设计软件以适用大型及复杂项目而闻名。当然，它也适用于其他规模。如图 2-4 所示，建筑师朱利安·穆尼奥斯（Julian Munoz）在哥伦比亚的六单元住宅项目完全是用 Revit 来设计、记录和渲染的

对于用户来说，这看起来是一笔划算的初始投资，但随着时间的推移，订阅会让成本迅速增加。此外，除非你是一个有专业能力且定期使用整个软件套件的专业人士，否则附加的软件没有什么意义。Autodesk 虽然将 Revit 独立授权，却没有让 Revit 享有年度折扣升级的资格。这意味着，如果用户购买了 2017 版 Revit，他 / 她必须支付全额才能获得 2018 版或后续版本。

与大多数 BIM 设计软件一样，Revit 使用单个文件数据库结构来存储和链接信息。因此，项目文件很快就变得非常大，性能因此会受到影响，特别在处理多用户同时协作时。它也是一个"基于构件"的系统，利用墙、门、板等常见的建筑概念作为组装的基本元素。这些具有用户可定义的几何图形和参数的概念被称为"族"。建筑产品制造商利用"族"的概念提供大量模型和品牌的在线展示，以便在 Revit 中展示和使用。BIM 数据库可以在不同的模式下查看，不论是模型、二维视图、图纸，还是表格（也称为明细表），不同的模式之间保持协同作用，如果其中一个"视图"元素被更改，其他视图中的相同元素也会同步更改。虽然 Revit API（应用程序编程接口）是通过第三方应用程序直接与应用程序交换几何图形和信息，但它确实支持导入 / 导出各种图像、二维和三维文件类型，包括 Autodesk 自己的格式 DWG、DWF、FBX 和

ADSK 以及诸如 DXF、DGN、STL、SAT、SKP、BMP、JPG、JPEG、PNG、TIF、gbXML 和 IFC。

Vectorworks Architect® 是由 Nemetschek 集团所属的 Vectorworks 公司开发，是另一种 BIM 设计软件，该软件在美国建筑行业中规模小、历史长，但用户逐渐增多，在国际市场上也享有盛誉，主要被从事多种类型和中小型规模的 AEC 公司所使用。Vectorworks 每年更新一次，通常在秋季发布，并在接下来的一年中提供服务包进行更新，适用于 Windows 和 Macintosh 操作系统。用户界面提供了一个非常灵活的二维 / 三维混合环境，这样有利于适应各种设计风格和工作流程，但它并非执行单一的 BIM 工作流程。Vectorworks 闻名遐迩的功能包括跨平台支持、Siemen 的 Parasolid 内核支持的 3D 建模以及高质量的 2D 输出等。Vectorworks 稳健地支持布尔实体、NURBS 曲线界面和细分建模等多种建模模式。照片级真实感和艺术性渲染通过 Renderworks® 实现（图 2-5），该功能基于 MAXON Cinema4D® 渲染引擎 CineRender。

Vectorworks Architect 可以购买永久授权，用户永久"拥有"该产品。也就是说，它可以不断升级，收费标准基于用户的选择。用户可以在附加收费服务里做出选择，可提供的附加服务有：按合同收费的定期更新和年度升级、Vectorworks 云存储（免费版本为 20GB 而非 5GB）、高级技术支持，以及每月根据需要灵活租用座位等。Vectorworks Architect 的报价为 3000 美元，而 Designer 的报价略高。此外，Vectorworks 还免费提供了一个移动应用程序 Nomad，通过手机终端可以访问用户的云服务存储、查看、标记以及设计的 3D 可视化，甚至实现沉浸式虚拟现实模式。除了 Architect 之外，Vectorworks 平台还有其他行业版本，包括用于景观和场地设计的 Landmark®，以及用于娱乐、布景照明和展览设计的 Spotlight®，这些都是在 Fundamentals 平台上构建的。Vectorworks Designer® 包括所有行业工具、命令和对象，适用于需要最广泛工具的无边界用户。

Vectorworks 也有一个用于存储和链接的独立文件数据库。和 ArchiCAD 和 Revit 一样，该数据库的性能也会随着文件内容的增加而下降。多用户协作也与 Revit 类似，但在访问项目文件的不同内容时，Vectorworks 会管理相应的用户权限。它也是一个"基于构件"的系统，拥有丰富数据的符号库，以便允许各种各样的建筑产品制

图 2-5　Vectorworks Architect 建筑项目。图片来源：SPLANN，首席建筑师哈莫尼克（Hamonic）和马森（Masson）&Associés with A/LTA，助理建筑师

造商和用户创建内容。此外，通过其 Vectorscript 编程语言和 Python 脚本接口，可以实现更复杂的主体和过程定制，并通过一个名为 Marionette 的可视化编程组件（类似于 Grasshopper）进行了进一步扩展。然而，对于 MEP 和结构，它缺乏某些建筑行业特定的分析工具。Vectorworks 的 Architect 和 Designer 还包括 Energos，一个基于 PassivHaus 方法论的能量分析工具。该平台还有基于 API 的 C++，但大多数用户不必与其他工具交换信息。Vectorworks 支持各种图像、2D 和 3D 文件类型的导出和（或）导入，包括 DOE-2、DXF、DWG、DWF、EPSF、HDRI、JPG、PNG、BMP、TIF、PDF、3D PDF、Cinema 4D、COLLADA、FBX、IGES、KML、OBJ、Panorama、SAT、STEP、STL（用于立体印刷或 3D 打印）、Rhino 3DM、Parasolid X\T、Web View，Vectorscript 及其前五个版本的 Vectorworks、逗号和制表符分隔的工作表、DIF 和 SYLK。它完全兼容 IFC 格式，这是项目各方实现 BIM 互用性的关键格式。

GRAPHISOFT 的 ArchiCAD® 与 Nemetschek 公司的 Vectorworks 一样，是当下许多国际市场上仍然活跃的最传统的专业 BIM 设计软件（图 2-6）。和其运营中心在匈牙利一样，它在多个欧洲国家占据主导位置。ArchiCAD 通常每年夏天发布一次，可用于 Windows 和 Macintosh 操作系统。

图 2-6　由邦德布莱恩建筑师事务所（Bond Bryan Architects）设计的诺丁汉大学创意中心。ArchiCAD 是这个项目的建模和记录工具

购买该软件的价格约为每个访问账号 4500 美元，升级价格为 895 美元，也可以按月租用。GRAPHISOFT 为 ArchiCAD 提供各种扩展渠道，包括 MEP Modeler、Virtual Building Explorer（用于交互式 3D 演示）、EcoDesigner（用于能值分析）和 Artlantis 插件（用于高质量渲染的第三方应用程序）。GRAPHISOFT 还开发了一种更经济、更轻量级的 BIM 软件，称为 ArchiCAD STAR（T）Edition（每个访问账户约 2000 美元），专门为小型建筑公司提供受限的功能，包括建模、可视化、多方协作、性能分析和项

目组织管理等。GRAPHISOFT 没有专有 BIM 结构，但与 Vectorworks 一样，它依赖 IFC 来实现相关方和不同工具之间的互用性。ArchiCAD 还可以支持第三方供应商开发的各种附加功能，以扩展核心 BIM 工具功能。

ArchiCAD 的模型信息由一个类似于 Revit 和 Vectorworks 的集中式数据库管理。它支持导入 / 导出包括 DWG、DXF、DGN、DWF 和 PDF 的文件格式。它还支持模型数据导出到 gbXML、DOE-2、RIUSKA、ARCHiPHISIK、OBDC 和 IFC。该工具还可以与 SketchUp（3D modeler）、Google Earth（虚拟世界可视化）和 Cinema 4D（3D 动画）的直接链接。ArchiCAD 使用了一个"内存"系统，它为大型项目带来了可扩展的性能，但是模型可以被分割成更小的模块，以便于管理。此外，GRAPHISOFT 还开发了第一个 BIM 服务器应用程序，旨在使大型项目的协作快捷方便。在构件自动更新方面，ArchiCAD 确实存在某些参数化建模限制，还缺少建模约束和不支持建模元素之间的关联，这对于其他分析工具来说可能是个问题。

Bentley 公司的 MicroStation 专注于 AEC 行业的各种解决方案，涵盖桥梁、建筑、政府、校园、通信、公用事业、工厂、采矿和金属、加工制造、发电、轨道交通、道路、水和废水等方面（图 2-7）。建筑类别包括建筑、生成组件、结构建模器、建筑机械系统、建筑电气系统、设施和 ProjectWise Navigator（用于多项目和多用户协作）。Bentley MicroStation 的最新版本是 CONNECT Edition（V10），仅在 Windows 操作系统上可用。该软件价格适中，每个账户价格为 6290 美元（包括 MicroStation、ProjectWise Navigator、Parametric Cell Studio、Space Planner 和 Bentley Architecture）。已注册 MicroStation 的用户可以花 1495 美元的价格添加 Bentley 架构。但是用户界面会很大而且没有整合，这使得操作和学习变得困难重重。Bentley Architecture 具有相对快速的概念设计建模和空间规划功能，还具有强大的动画制作和渲染功能。Bentley Architecture 支持导入 / 导出包括 DGN、DWG、DXF、PDF、STEP、IGES、STL 和 IFC 的格式，也支持 Native Rhino 和 SketchUp 建模格式。然而，软件的参数化构件库相对较小，这可能是由于构件行为不一致造成的。Bentley Architecture 采用分布式文件结构来帮助管理大型项目，但这种方式可能导致很难设置和管理。

图 2-7　西班牙萨拉戈萨瓦多里码头（Vadorrey Dock）多功能大楼宾利微型工作站（Bentley MicroStation）项目示例。设计阶段：克罗·加里多·费尔南德斯 / 佩德罗·马丁·加西亚（Coro Garrido Fernández/Pedro Martin García）（初步草图 / 主要项目），何塞·安东尼奥·加西亚·戈麦斯（Jose Antonio García Gómez）（设施）和华金·莱兹卡诺（Joaqueín Lezcano）（结构）。建筑阶段：佩德罗·马丁·加西亚 / 安赫尔·穆尼奥斯·巴拉多（Pedro Martin García/Angel Muñoz Barrado）（建筑师），何塞·伊格纳西奥·拉拉兹和费尔南多·巴尔达维奥（Jose Ignacio Larraz，Fernando Bardavío）（工料测量师）

利用 BIMForum 的 LOD 规范驱动基于模型的交付成果

布赖恩·P. 斯克里帕克，美国建筑师协会会员，LEED AP BD+C，副主席，卡农设计

　　尽管建筑信息模型在设计、施工和运营过程中已发展成为建筑工程行业的支柱，但在人们如何定义以及 BIM 如何被项目参与者信赖和使用的方面，仍然存在很大的认知差异。如图 2-8 所示，人们肯定会认为这两幅图都是在应用 BIM，但它们代表了处于不同开发阶段的建筑体系、构成和组件。

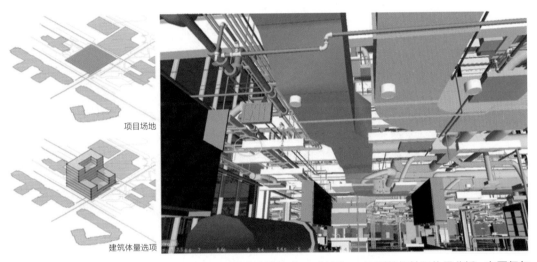

图 2-8　LOD 为 BIM 提供了灵活性，并有助于确定建模标准。对比图 2-8 两图的场地和体量分析，左图仅包括 LOD 100 元素，右图具有更完善的 MEP 系统模型（含 LOD 350 和 400 的元素）。两者都是应用 BIM，而且有很多拓展的可能。图片源于佳能设计

　　BIMForum 是 AEC 行业协会和建筑智慧国际联盟（buildingSMART International）美国分会组织，其使命是以建筑信息模型为桥梁，不断探索、创新和最佳实践。为了普及 BIM 的相关信息，BIMForum 与美国总承包商协会（AGC），以及美国建筑师协会合作，率先制定了 BIM 发展水平（LOD）规范。现在是第四个版本，2016 年 LOD 规范是"使 AEC 界人士能够在设计和施工的各阶段，以清晰的方式规定和阐明 BIM 的内容及其可靠性"。如果一个项目从开始就推动协作并设定期望，那么这种使用同一语言并且理解交付能力是关键因素。我们可以再观察图 2-8，可以看到左图所示模

型利用了不超过 LOD 100 的外墙、楼板和屋顶组合，而右图所示图像中的 MEP 系统已演变为包含 LOD 350 和 400 的元素。这解决了 LOD 的一个关键问题——大家需要认识到"LOD## 模型"是不存在的，或者说在各个设计阶段（方案设计、扩初设计和施工图设计）的模型并不是和 LOD 一一对应的。相反，LOD 仅仅表示单个建筑系统、构件和组件⊖。

值得注意的是，LOD 规范不是硬性要求。相反，它是一种语言和交流工具，供模型的作者描述"元素的几何图形和需加载的附加信息的程度"，从而使其他参与者衡量他们可以在多大程度上运用这些信息。

BIMForum LOD 一开始是围绕 UniFormat 开发的，现在逐渐延伸到 MasterFormat 和 OmniClass 领域，进一步拓展了模型的适用范围。在这个组织架构中，LOD 规范通过语言和图形来分解每个建设系统和构件，概述了元素在每个开发阶段上的演变（图 2-9）。每个部分都概述了其几何独特性，但为了保持一致，所有构件都参考下面列出的基本 LOD 定义：

（1）LOD 100。模型元素可以用符号或其他通用表达形式，但达不到 LOD 200 的要求。与模型元素相关的信息（如每平方英尺的成本、HVAC 的吨位等）可以从其他模型元素中导出。引据 BIMForum 的解释：LOD 100 元素不是几何表达形式。附加到其他模型元素或符号的信息只显示了构件的存在，而不涉及其形状、大小或位置。从 LOD 100 元素得到的任何信息都必须考虑为近似值。

（2）LOD 200。模型元素在模型中以图形方式表示为具有近似数量、大小、形状、位置和方向的通用系统、构件或组件。非图形信息也可以附加到模型元素中。引据 BIMForum 的解释：LOD 200 元素是通用占位符。可以被认知为它们所代表的构件，也可以是用于空间预留的元素。从 LOD 200 元素得到的任何信息都必须视为近似值。

（3）LOD 300。模型元素在模型中以图形方式表示为具有数量、大小、形状、位置和方向的某个特定系统、构件或组件。非图形信息也可以附加到模型元素中。引据

⊖ 在书中涉及零部件的单词有多个，包括 component、assembly 和 object 等，为了便于区分，具备单个功能的全部翻译为"构件"，多个构件组合应用的翻译为"组件"，组件类似 Revit 中 Group 的意思。——译者注

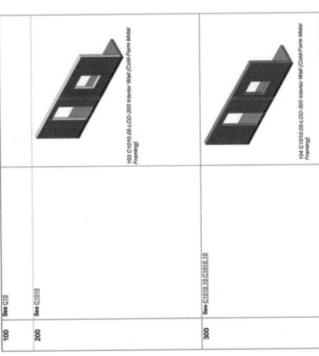

图 2-9　LOD 的示例，本例为来自 BIMForum LOD 的内部固定隔墙（冷弯金属构架）。LOD 阐明了其定义，并试图消除在解释 BIM 中元素的发展和可靠性时的歧义。图片来源于 BIMForum

BIMForum 的解释：设计元素的数量、大小、形状、位置和方向可以直接从模型中测量，而无须参考如注释或标注这样的非模型信息。明确了具体的项目原点，并且所有元素也与之精准定位。

（4）LOD 350。模型元素在模型中以图形方式表示为具有数量、大小、形状、位置和方向以及其他建筑系统接口的某个特定系统、构件或组件。非图形信息也可以附加到模型元素中。引据 BIMForum 的解释：对所有构件和附着在构件上的小部件，包括支架和连接件等进行建模。设计相关的各种元素，包括数量、大小、形状、位置和方向，都可以直接从模型中读取，而无须参考注释或标注等非模型信息。

（5）LOD 400。模型元素在模型中以图形方式表示为具有数量、大小、形状、位置和方向的某个特定系统、构件或组件，并且包含更多细节、材质、零部件及安装信息。非图形信息也可以附加到模型元素中。引据 BIMForum 的解释：LOD 400 元素的建模具有足够的细节和精度，可用于所表示构件的制造。设计相关的各种元素，包括数量、大小、形状、位置和方向，都可以直接从模型中读取，而无须参考注释或标注等非模型信息。

（6）LOD 500。模型元素是在大小、形状、位置、数量和方向方面经过现场实勘验证。非图形信息也可以附加到模型元素中。引据 BIMForum 的解释：由于 LOD 500 与现场验证有关，并且不是向更高级别的模型元素的几何或非图形信息发展的指示，因此规范未对其进行定义或说明。

LOD 不仅仅是关于几何图形，还包含了必要的非图形的相关信息。本节概述了涉及基础属性和附加属性的总体的几何 LOD 定义。虽然不可能列出所有可能需要的非图形信息，但 BIMForum 已经为每个 LOD 定义了基础元素，然后列出了项目团队所需的其他属性。

在项目团队可以利用这些信息的同时，还必须考虑这些重要的策略和定义如何成为我们合同的一部分，以便所有项目参与者和客户了解我们正在努力交付的内容。有鉴于此，美国建筑师协会制定了以下文件：

（1）E203—2013，建筑信息化建模和数字化数据表达

（2）G201—2013，项目数字化数据协议表

（3）G202—2013，项目信息化建模协议表

虽然 E203 是合同的实际主体，但是它也能够借用 G202，这使项目团队有机会明确在项目开发过程中的每一个步骤，以及每个建筑系统、构件和组件（模型元素）的 LOD 要求。这个文档还能够描述某个模型的作者将负责在整个项目过程中管理和协调这个模型的开发信息。

很容易看出，随着行业不断发展和演变，建筑信息模型，这一话题已经迅速超越了仅限于交付的文档技术的讨论。现在我们更综合地关注着建筑信息模型，更具体地说，它如何成为一个需要重新定义流程和合同含义的可交付成果。好在 BIMForum 和美国建筑师协会正在努力为 AEC 行业创建规范和合同语言，以探索和定义这些可以促进建筑行业发展的机会。

有些更大胆的想法正在设计过程中扮演重要角色，他们使设计师能够引用一种已经被业界采用的语言（即 LOD），以这种统一的方式来传达设计意图。这些定义能够消除设计过程中的歧义和转义，从而避免误解。例如，在设计陈述中设计师会被问："那就是我们在会议室要用的椅子吗？答曰："不，那只是椅子的占位符，是 LOD 200 的通用表示。我们的团队将下一阶段在 LOD 300 下建模，您将看到具体的椅子设计。"虽然这是一个简单的例子，但这将影响客户、设计团队成员以及其他潜在投标人或项目反馈人等。

IFC

数字互用性并不是什么新鲜事。如果没有像 HTTP 和 HTML 这样的标准化协议和模式来编码、传输、存储、解码和显示我们在世界各地拥有并继续共享的所有数据，互联网本身就不可能存在。由于这种互用性的标准，无论数据的形式、设备或接口如何，互联网上的数据比用来创建、呈现和消费信息的工具更大、更重要。从逻辑上讲，AEC 行业的数据也可以大致相同的方式工作。IFC 提供了一个方案，让人和机器均能理解针对构建环境的标准描述，无论地理位置、市场或有关部门。IFC 是建筑智慧国际联盟（buildingSMART International）的产物，这是一个非营利性组织，旨在促进建筑行业的标准化和的数字化，以及提升在项目的整个生命周期内利用项目信息的能力。IFC 要想发挥效力，行业必须看到它的价值并接受它。请注意，本章不会详尽论述 IFC 的内容，这个话题本身需要写一整本书（或多本书）。

1. IFC 的基本概念

BIM 并不是一个专有的软件技术或单一的应用软件，它是一个数字化和社会化的过程。公司可以自由选择任何适合他们的 BIM 设计软件（分析或协调）。为了让 BIM 成长为一个丰富而蓬勃的生态系统，并避免技术的束缚，IFC 已经发展成为一种互用性机制。IFC 是一种非专有的、开放的标准手段，用于描述构建环境和自由交换并且以数字方式存储信息：几何图形和信息。

BIM 构件是可描述的，特别是当脱离上下文或读者不熟悉的时候。IFC 允许补充建筑构件的许多特征，从其三维几何形状到附加到该几何形状的重要信息，以及它的定义。IFC 是一种描述建筑在整个生命周期中设计、采购、组装和运营的所有物理和非物理方面的方法。它不仅仅是一种"文件格式"，更是一种"语言"，就像世界语一样，具有语义和语法规则。更简单地说，IFC 类似于 HTML 标准，但只是用于构建环境。至关重要的是，IFC 具备以下特征：

（1）开放，可供任何软件开发人员使用并公开记录。

（2）中立，不偏袒任何应用程序、应用程序套件、软件供应商或开发人员、硬件平台或操作系统。IFC 也支持多语种。

（3）非专有，重要的是，非原生文件格式确保其持续开放和中立。

"做 BIM"的过程和技术总是指向一个总体概念，即互用性——在多个相关者之间交换和使用建筑数据的能力。为了实现这一点，IFC 中的几何描述包括两大类 3D 几何表示，每一类都包含特定的子集：立体几何（也称为 CSG）和表面 /BREP（边界表示），如图 2-10 所示。

作为获取和交换行业数据的开放标准，IFC 允许利用当今设计人员和消费者可用的所有技术。这些产品涵盖了整个建筑行业，从建筑、结构和建筑服务设计，到能源

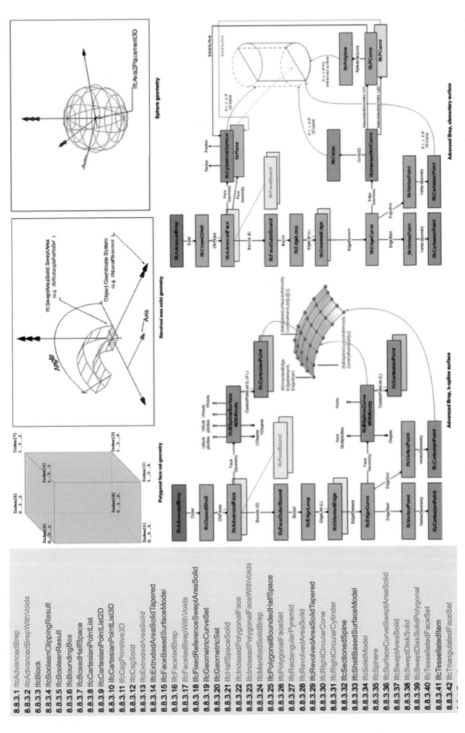

图 2-10 IFC 图表中的立体和表面几何类型。图片来源：杰弗里·乌埃莱特（Jeffrey Ouellette）；由托马斯·利比奇（Thomas Liebich）为建筑智慧国际联盟（buildingSMART International）进行的 IFC 建模表示

分析、成本分析、施工管理、设施 / 资产管理和数据服务器。作为其使命的一部分，建筑智慧国际联盟（buildingSMART International）致力于建筑项目的整个生命周期解决方案，在其 Logo 中表达为四瓣，意味从开始到建设和运营。

BIM 不只是内容创建应用程序，还包括查看、报告、分析和记录 BIM 的方法，这些方法对于使用既有数据集或模型的 BIM 过程中的特定参与者是至关重要的。大量 BIM 产品都支持 IFC，但只有一小部分获得了建筑智慧国际联盟（buildingSMART International）的 IFC 合规认证。该认证使软件用户确信，基于 IFC 的与有关软件的数据交换已经通过行业权威部门的测试，并且在功能和技术上能够正确地导出或导入 IFC 文件。但是，认证不能保证从某些应用程序生成的 IFC 文件一定是可行的或正确的，因为用户可能会错误建模或不恰当地将数据应用到模型中。所以说，即便是有认证，仍旧存在犯错的情况，因为用户可能不正确地在 BIM 工具中编码信息。因此，即使是那些被证明在技术上能够成熟生成和解释 IFC 文件的软件，也经常需要进一步验证。像 Solibri Model Checker 和 Navisworks Manage 这样的软件在验证 IFC 模型方面仍然扮演着必不可少的角色，以确保交换信息的正确范围和格式。这些验证软件还包括查看、协调和分析联合 BIM 模型的功能，甚至生成冲突检测和工程估算报告。认证是促进进步的重要步骤，它使世界各地的用户，不论他们的 BIM 设计平台，甚至是使用的语言，都能够有效地共享 BIM 数据。

通过参与 IFC 2×3 认证，软件供应商对 IFC 的承诺得到了加强。它包括所有主要的 BIM 设计应用程序供应商，包括来自 Autodesk、Bentley 和 Nemetschek 等国际公司的产品，截至本书撰写时，囊括 22 个供应商和 33 个应用程序，支持建筑、结构、MEP、模型查看和设施管理工作流程。此外，IFC4（IFC 的最新版本）也正在进行认证，之前的一批供应商已经参与其中。

我们可以把符合 IFC 的 BIM 过程看作建筑信息模型的自然演变。缺乏数据的项目数字模型（BIM 中的"I"）或许视觉上吸引人，但没有数据分析是不完整的（BIM 数据分析价值的过程请查看第五章、第六章，以及 BIM 在小规模可持续设计中的案例）。一个富含数据的数字模型是 BIM 的核心。IFC 支持的可互用 BIM 拓展了模型的范围和价值，将其延伸到同事、合作者和客户。

2. 技术细节

IFC 作为一种数据模式，对所有配置、语义、领域、流程、关系和属性/特性进行了编目，这些都事无巨细地描述了建筑元素，因此它从根本上适配了建筑 3D 和 2D。

IFC 通过 STEP（产品模型数据交换标准，官方称为 ISO 10303；IFC 本身就是 ISO 16739）。STEP 包括定义一个构件或组件的边界框和主体，后者可以称为 BREP（表面组成的边界），剪裁实体（布尔运算的产品，如加法或减法建模），扫描实体（沿圆弧路径旋转的轮廓）和线性挤出实体。此外，STEP 可以容纳矢量足迹、面、测量点和映射项表示等。

但是 BIM 构件需要更多实际意义，而不是简单地描述它们的几何形状以实现可视化。信息、数据都需要绑定到几何图形中，从而使其真正具有可用价值（图 2-11）。这些信息包括：

（1）语义，包括实体（构件定义）和类型（多个实例的通用定义）。

（2）属性，如标识、属性（或属性集）和分类。

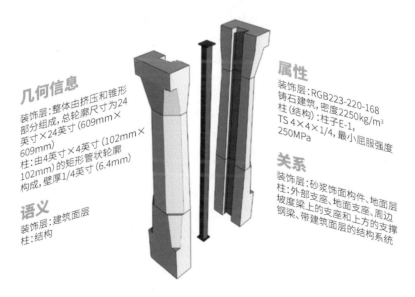

几何信息
装饰层：整体由挤压和锥形部分组成，总轮廓尺寸为24英寸×24英寸（609mm×609mm）
柱：由4英寸×4英寸（102mm×102mm）的矩形管状轮廓构成，壁厚1/4英寸（6.4mm）

语义
装饰层：建筑面层
柱：结构

属性
装饰层：RGB223-220-168
铸石建筑，密度2250kg/m³
柱(结构)：柱子E-1，
TS 4×4×1/4，最小屈服强度250MPa

关系
装饰层：砂浆饰面构件、地面层
柱：外部支座、地面支座、周边坡度梁上的支座和上方的支撑钢梁、带建筑面层的结构系统

图 2-11　IFC 数据的前后逻辑关系，对于表达建筑物及其组件至关重要

（3）关系，包括层次（空间或组织）、物理连接（例如墙到墙、墙到板、柱到梁等）和组连接，无论它们是系统（暖通空调、供水、污水管道等）还是区域（例如安全、使用、热控制等）。

（4）所有权（如业主、设计师、供应商、制造商、承包商等）。

IFC 规范是为构建环境创建的，如图 2-12 所示，它的数据结构反映了其前后逻辑关系。因此，IFC 可以用信息全面描述几何结构，这些信息可用于确定成本、美学、排序和结构完整性，以及其他在建筑构件或组件的整个生命周期中所必需的有用分析。IFC 指出了建筑的各个部分与整个项目的关系，以及建筑与场地的关系，并通过限制和参数将其与同一场地上的其他建筑区分开来。IFC 是所有规程和生命周期的模式定义的存储库，"模型视图定义"是满足一个或多个用途的子集。

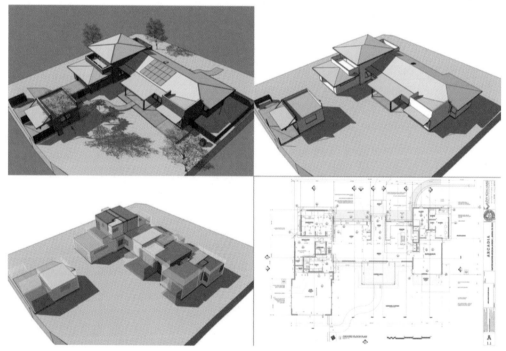

图 2-12　根据 BIM 在参考、设计、施工、结构分析、能源分析和设施管理的用途，BIM 有多种表现形式

尽管 IFC 标准规定了如何根据合理的定义来组织建筑环境数据，但是有多种方法可以通过机器可读的形式对数据进行编码。IFC-STP（.ifc）是一个快捷版本，它基于

制造产品互用性标准步骤，支持使用复杂几何和数据结构。IFC 实际上是建筑行业对
该规范的改编。ifcXML 是同一数据基于 XML 的版本，但其格式更直接、更广泛地得
到了更多计算机行业的支持，因此，与 STEP 版本相比，基于 Web 的应用程序和设备
的 ifcXML 更易于访问。ifcZIP 能够将 ifc 或 ifcXML 文件与链接的图像和文档打包到
单个文件存档中。它的特点不止于这三种文件格式，随着 AEC 行业吸引了更多计算机
科学家的兴趣，ifcZIP 能使 AEC 数据实践与更广泛的全球计算机行业相结合，这个新
趋势已逐渐壮大。

　　很明显，IFC 标准即便在使用时也不是止步不前的。与大多数使用的数字标准一样，
它也是一项随着行业需求的变化和计算技术的成熟而不断发展、完善的标准。经过 20
年的持续努力，这个最初由 12 家公司加入，用来提高 Autodesk AutoCAD 第三方产品
之间互用性的联盟，最终发展成为多平台互用性的国际联盟（图 2-13 和图 2-14）。

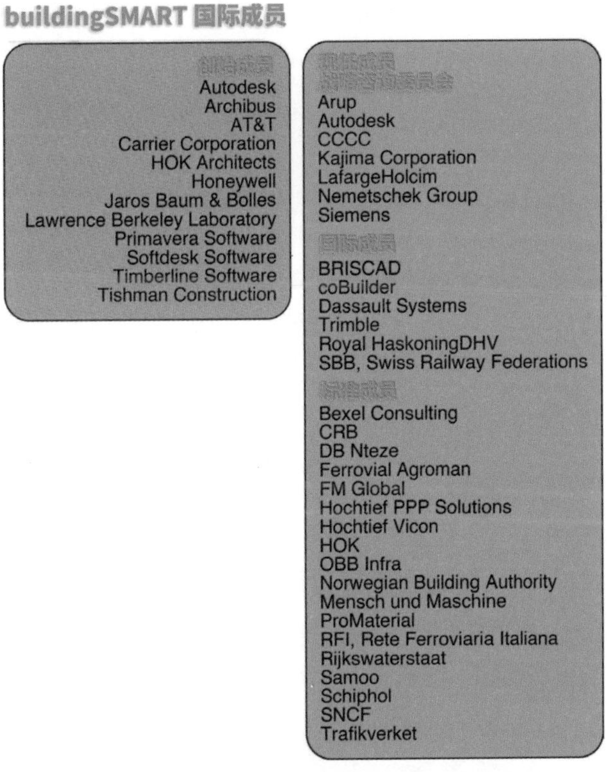

buildingSMART 国际成员

创始成员
Autodesk
Archibus
AT&T
Carrier Corporation
HOK Architects
Honeywell
Jaros Baum & Bolles
Lawrence Berkeley Laboratory
Primavera Software
Softdesk Software
Timberline Software
Tishman Construction

理事成员
战略咨询委员会
Arup
Autodesk
CCCC
Kajima Corporation
LafargeHolcim
Nemetschek Group
Siemens

国际成员
BRISCAD
coBuilder
Dassault Systems
Trimble
Royal HaskoningDHV
SBB, Swiss Railway Federations

标准成员
Bexel Consulting
CRB
DB Nteze
Ferrovial Agroman
FM Global
Hochtief PPP Solutions
Hochtief Vicon
HOK
OBB Infra
Norwegian Building Authority
Mensch und Maschine
ProMaterial
RFI, Rete Ferroviaria Italiana
Rijkswaterstaat
Samoo
Schiphol
SNCF
Trafikverket

图 2-13　IFC 标准的创始公司和现有成员公司

IFC 20年发展史

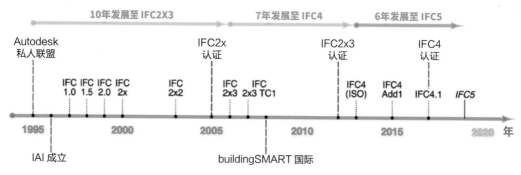

图 2-14　IFC 的不同版本颁布时间轴

过去几年业界的重点是 IFC 第 4 版。在撰写本书时，当前的 ISO 官方标准和 IFC 第 4 版对 BIM 软件产品几乎没有支持。然而，随着越来越多的软件获得认证，这种情况将会改变。此外，第 4 版对如何捕获数据、使数据具有相关性，以及交换数据等方面提供了许多改进。其中最显著的变化之一是努力增加了更多的基础设施环境，如道路、隧道、铁路和桥梁。最初，这体现在新的数据集上，实现了纠正地理空间位置，以及在大距离上的尺寸精度，同时也考虑了地形高程甚至地球曲率的变化。

3. IFC 的设计优势

从表面上看，IFC 似乎只与大公司或那些设计过程中包含多领域协作的公司有关（尽管后者在小公司也变得越来越普遍）。然而，即使是小公司或工作室，在细节和互用性两个方面均受到了 IFC 的影响：

1）开放式 BIM。

2）分析和仿真。

（1）开放式 BIM。互用性的重点和价值主要体现在 BIM 数据（BIM 构件的几何形状、属性和关系），以及用于创建它的过程和工作流上。用于创建和使用数据的特定软件工具的重要性紧跟其后。通过强调数据和工作流的价值，用户可以自由地为他们特定的规程或工作流选择适当的软件工具，创建和传输成果内容以供其他规程使用，或者使用其他来源的数据并转换它，同时保持其与原始上下文的连接。开放和普遍的数据访问并不会限制 BIM 数据的质量或范围。

基于 IFC 的互用性对软件开发人员也有重大影响。供应商经常面临着不同系统之间数据转换的挑战。例如，BIM 用来支持和连接世界各地的结构分析和建模软件包的路径，很有可能是走不通的。关注数据的重要性，对现有和新生代软件开发人员的开发过程有很大的影响。从多功能、单一使用及专有的 API 转向单一的开放数据格式和交换标准，可以降低开发者和客户的门槛，以连接到更广阔的 BIM 生态系统。

IFC 和开放式 BIM 的选择就像我们使用互联网一样，在互联网上，用来创建、传输和消费信息的工具和设备是千变万化的，其重要性仅次于数据本身。此外，IFC 和开放式 BIM 消除了参与者的种种限制。基于 IFC 进行 BIM 数据交换，项目团队的任何成员都可以自由使用他们喜欢的工具，前提是这些工具和 IFC 兼容。

需要说明的是，关于 BIM 的互用性经常出现三个很雷同的词。OPEN BIM™（全部大写）是一个由 GRAPHISOFT 建立并由其他软件供应商共享的营销计划；openBIM®（单个词，"open"全部小写）是 buildingSMART 国际官方注册商标，特指 IFC；open BIM，由两个词组成的通用术语。由于本书面向的读者是没有特定软件平台的架构师和设计师，所以使用了通用术语，在句首是"Open BIM"，否则就是"open BIM"。

另一方面，"封闭式"BIM 将主要重点放在创建和使用数据的工具或平台上，只有在使用相同的平台（或其多个版本）时才能访问该数据。数据的范围和质量完全取决于所选平台的技术能力。任何与所选 BIM 平台兼容性有限的软件工具，即便它对团队成员或特定的设计工作流至关重要，也难逃被放弃的结果。除此之外，"封闭式"BIM 也会阻碍平台间信息共享的功能。

正如我们预期，IFC 在模型查阅、验证和协调等应用中，允许用户在他们得心应手的软件上交换和共享 BIM 模型，用 BCF（BIM 协作格式，使用 bcfXML 文件以及 bcfAPI 的 RESTful web 服务）来管理各种变更。开发、支持和使用开放式标准大有裨益，具体如下：

1）知识产权的归属和安全性。设计师的工作成果和专业知识，以及因此而产生的价值，都被封装在 BIM 中。这是一个全面的数字数据库，涵盖了建筑从整体到细节的各个方面。数据创建后如何访问它？建筑师无论是现在还是将来，是否依赖软件供应商来维护对有价值的数据库的访问？内容作者不应该拥有和控制内容吗，而不是应用程序开发人员？ IFC 不依赖于由特定供应商控制的单一应用程序文件格式的完整性，也不依赖于未来对 BIM 软件的支持或与后续版本的兼容性。IFC 数据不依赖于特定应用程序或产品的稳定性，也不依赖于特定的应用程序扩展、插件或实用程序及版本更新。

2）便利性。打个比方，BIM 和 IFC 的关系就如同互联网和 HTML，所有的软件工具都支持 HTML 的读写以显示信息，所以大家能轻松访问互联网。随着技术越发成熟、灵活和强大，这些标准也在不断发展，从而为更多用户提供了设备和程序的访问及体验。IFC 使构建数据变得相当便利和灵活，用户可以通过 IFCXML 从许多不同的平台访问，甚至包括网页访问。

3）数据完整性。许多工具可以读取和显示 IFC 文件，更有甚者能够根据用户定义的标准和规则，自动检查 IFC 文件的质量和完整度。此外，设计团队创建的所有信息都可以得到保护，因为 IFC 不仅可以灵活地进行信息交换，还可以用作数据存档。

4）可扩展性。最后，IFC 具备可扩展的功能。随着 BIM 或项目范围的扩大以及时间的推移，任何参与者和 IFC 兼容的工具都可以在 BIM 添加数据。现今，每个项目中基于 IFC 的 BIM 仅仅是一个数据库的开始，将来还能够添加、查询、提取、编辑和重新编译更多的信息。

当然，IFC 也有其局限性。最明显的是，IFC 不适用于 2D 文档工作流程，而是仅适用于 BIM。IFC 实体都是由几何图形加上 IFC 数据组成的；但 IFC 元素是非参数化的，也不具备任何 BIM 设计平台的原生属性。例如，在 IFC 导入一个函数，它可不像在 BIM 软件中本地函数那样可以实现参数化编辑。这其实是有价值的，一个结构工程师可以把结构模型共享给建筑师，但决不会允许建筑师改动该模型。建筑师需要结构模型来协调和激发灵感，但如何创建和编辑结构则是结构工程师的职责。让建筑师适当地参考 IFC 结构元素有助于在协同之间维护各自的工作职责。因此，基于当前的实践，IFC 不打算设计"往返"的双向操作。换句话说，不同 BIM 平台上的设计团队成员在共享 BIM 模型合作的同时，彼此还能保持一定的空间和距离，而不至于他们随意改动他人的工作成果（图 2-15）。

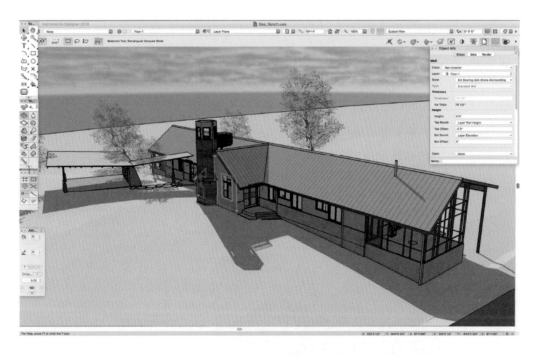

图 2-15 IFC 模型（上图）与其 BIM 源设计模型（下图）的比较。IFC 模型不是可编辑的，甚至不需要显示建筑信息模型。相反，它的价值在于项目从几何到模型元素的分类等关键信息的交换

（2）分析和仿真。在整个 AECO（AEC + Occupancy）范围内，用户的需求和偏好是极其多样化的，而且随着 BIM 应用范围的扩大和越来越多的专业人士掌握了利用 BIM 的数据和技术，这种多样性仍在增长。如果我们认同 BIM 包含项目的制定、设计、分析、编码、解码、制造、模拟和管理的广义概念，那么也必须认识到开放标准支持不同工作流的必要性。对于以设计为导向的实践活动，即便是一个独立于"广义 BIM"的工作，开放式 BIM 赋予设计更多的机会。IFC 使设计者能够使用更多的模拟和分析工具，从而改进性能设计（图 2-16）。

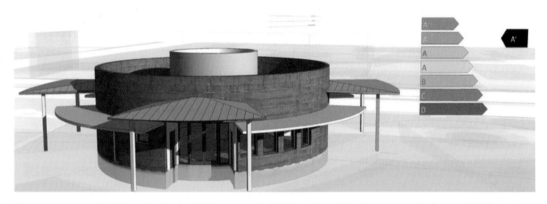

图 2-16　在 BIM 设计软件中无法实现的仿真和性能分析等功能可以通过 IFC 和开放式 BIM 的转换来实现。例如，通过 IFC 的接口，Revit 模型可以在 Vectorworks Energos 软件中进行能耗分析，并可以使用 WUFI（一种热湿分析工具）对墙体进行分析。首都圈交通系统（CARTS）东侧公交广场项目，由麦肯·亚当斯（McCann Adams）工作室和杰克逊·麦克尔哈尼（Jackson McElhaney）建筑事务所设计以及完成能源和可持续性分析

在小规模可持续设计的 BIM 中详细讨论了定性设计过程的定量验证。我的上一本书《小规模可持续性设计中的 BIM》（BIM in Small-Scale Sustainable Design）中，将性能分析作为建筑形式主义的一个来源，在这个例子中则是能源效率和可持续资源。尽管许多性能导向的设计师坚称他们并没有形式主义，但这并不是一个非此即彼的命题。设计师可以在追求形式感和优化性的设计中并驾齐驱。IFC BIM 工作流之外的一些设计可能性包括：

1）热性能模拟。随着 BIM 的发展，越来越多的建筑 BIM 设计软件将热性能分析直接添加到应用程序中。这和热建模是不尽相同的，后者往往需要根据气候数据

对建筑围护结构性能进行逐小时模拟。内置的热分析工具，比如 Revit 的 Insight、Vectorworks 的 Energos 和 ArchiCAD 的 EcoDesigner，允许早期的设计性能反馈，但它们还不算真正意义上的能量模型。开放式 BIM 允许将模型导出到 IES VE、OpenStudio 和 Simergy 等。能够读取 IFC 的 BEM（建筑能量建模）应用程序的数量和质量都在逐步增加。

2）能源和资源消耗分析。与热性能一样，综合能源分析包括了照明、设备功耗、现场能源发电系统和用水，所有这些都在使用和启动的进度计划内。在热工性能方面，IFC 的 BIM 扩展了用户早期设计分析之外的能力。显然，对整体能源和资源消耗的模拟允许设计师改动设计，以达到或超过消耗目标。然而，需要提醒的是，人类行为比建筑更难以预测。程序化的自动控制以优化舒适度和能源利用率为目的，但终归是对居住模式的假设。然而，人类的行为总是难以预测，因此影响性能。而且，用户还会以意想不到的方式更改设置，或者无法定期或正确地维护系统等。因此，能量建模不能准确预测真实世界的性能——不是由于糟糕的物理建模，而是由于用户的行为。

3）采光。良好的自然光除可以为室内空间节省能源外，还增强了用户的体验感，从而明显改善了商业和办公空间的性能。除去一些简单的经验法则，比如根据窗口周长的大小和位置来估算自然光的穿透量，但更精准的采光分析可以通过 BIM 内置的渲染引擎进行。从 BIM 模型导入到日光分析软件（如 IES Virtual Environment 或 OpenStudio）中，可以实现更多量化的工作。

4）分区、人口密度和移动。3D 模型（无论是否是 BIM）对于验证基于分区的实用性非常有用。BIM 的空间构件所包含的密度信息是符合 GSA 要求的，这些用于密度分析的数据也能进一步推算出口的数量和大小。例如，像 SimTread 这样的软件，能够实现紧急情况和灾难疏散模拟。

5）成本模拟。BIM 非常适合于工程量测算和相关的成本分析。建筑元素可以基于不同精细度使用各种方法来完成成本估算工作表或报告。例如，墙壁的成本可以用线性英尺或米的平均成本来估计长度（忽略高度）。如果追求更精确的方法，可以通过整个壁面的总表面积构成报告。最后，每个墙体构件的面积（包括结构核心护套、绝缘、内外饰面）可以计算并归纳为材料和劳动力价值，以进行非常详细的成本分析。

需要注意，precise 和 accurate 是有区别的；一个估值可能非常精确，但仍然不如一个粗糙但更现实的估计准确。除了成本估算，采购和生命周期数据与 BIM 构件关联紧密，建筑和 MEP 的进度表也可以用符合业主资产管理的 COBie 格式导出来。

6）协调 / 冲突检测。BIM 广受推崇的特点之一是能够将来自不同行业的多个模型组合起来，包括建筑工程、结构工程、土木工程、机电工程等，并进行碰撞、融合，再加以比较。通常，冲突检测在专用的模型检查器中执行，专用的 BIM 软件如 Solibri 或 Navisworks，能够做到导入、查看、比较和生成冲突检测报告。模型检查器还可验证中心模型的数据完整性，以帮助项目成员确保正确地分类和构建各自的模型：

①模型检查器是功能齐全的软件应用程序。虽然不是 BIM 设计软件，但它们执行重要的"广义 BIM"功能：查看、验证、问题检测、数据挖掘、用于代码检查的自定义规则集、报告和 BCF 支持。

②模型查看器通常是模型检查器的免费版本，只能够做到查看模型（典型 IFC）而不访问设计软件。低成本模型查看器还允许查看 BCF、BIM 协作格式文件。模型检查器是 BIM 质量保证 / 质量控制（QA/QC）不可或缺的一部分，对管理数据共享至关重要。

其他关于 BIM 的互用性话题

有很多书籍都撰写了关于 BIM 互用性的内容，本书只讨论两个重要的话题：COBie 和规划指南的使用。

1. COBie

建设运营建筑信息交换是美国陆军工程兵团创建的数据标准，作为美国国家 BIM 标准（NBIMS -US）的一部分。COBie 是一种对建筑资产管理的信息交换。在大型设施中，设计、采购和施工阶段的重要数据，对于业主管理和运营建筑的生命周期至关重要。成为官方首个符合 NBIMS-US 的建筑 SMART IE，它推广了 BIM 在许多公共项目和大型私立建筑的应用（如医院和高等教育建筑），并在美国、英国和新加坡等国家产生了深远影响。美国总务管理局提供了数据交换规范，该规范是根据美国政府在全国和世界各地拥有数亿平方英尺设施的经验制定的。现在有了产品数据的生命周期信息交换（LCie），它为整个设施生命周期的产品和产品类型数据交换定义了 COBieLite XML 子模式，用于开发管理 COBie 数据的下一代移动终端和桌面应用程序。

COBie 数据是管理建筑资产的信息，如照明、管道、各种零件和机械组件等。从设计师的角度来看，COBie 数据与日程更紧密，像照明、管道、设备、房间装修等。兼容 COBie 标准的 BIM 设计软件会自动为所有资产分配唯一的标识符以便进行调用，用户也可以手动分配。业主的优势是，所有资产都是按照自定义的格式记录的，交接手册也是在一个以电子方式交付的可搜索的数据库中。即使设计师当前的项目不需要满足 COBie 标准，但这也是一个很好的实践，可以通过实施 BIM 资产清单来提高准确性，还能促进未来向 IFC/COBie 兼容的工作过渡。

2. 规划指南

《基于项目交付团队和业主方的 BIM 实施规划指南》为交付团队提供了一种结构化的方法来实施 BIM 工作流程和技术，并指导业主在其组织中有规划地采用 BIM 来管理未来的项目（图 2-17）。规划指南和相关内容为业主和项目团队提供了以下工具：

（1）确立 BIM 对项目和团队的意义，并为 BIM 的使用设定目标。

（2）列出项目每个阶段所使用的流程。这种方法允许团队对 BIM 数据交换的细节进行预测和计划，并为此类数据的决策提供了一种机制，并允许协调时间表，甚至能为数据交换问题制订应急计划。

（3）定义了要被共享的 BIM 数据的范围，规定了在设计过程中任何给定的数据的范围和格式，包括建模组件是什么，什么是被排除在外，何时用一组特定的数据，甚至被禁止使用的某些数据集。

（4）最后，这些规划指南甚至提供了设计相关的基础支持，包括人员、技术和设计团队等，并帮助团队确定了实现 BIM 目标所需的资源。这将包括获取技术、人员培训、通信协议等在内的各种项目管理决策。

章节 G：质量控制

质量控制检查项：

应进行以下检查以满足质量期望

检查项	定义	频率
视觉检查	确认没有意外的模型组件，并且已遵循设计意图	持续检查
冲突检查	检测模型中两个建筑构件碰撞的问题	持续检查
标准检查	确认已遵循 BIM 和 AEC CAD 标准（字体、尺寸、线条样式、标高 / 图层等）	每周一次
模型正确性检查	验证并确认项目设施数据集没有未定义、未正确定义或重复的元素，控制主要错误的数量，并监控文件大小以保持项目效率	每周一次
模型健康评估	在模型完整性检查的基础上，利用 MHA 评估模型可行性和数字一致性。这将包括视图数量、组数量、错误和警告清除，并提供表示不合规元素和纠正措施计划的报告	交付之前

模型精度和公差

模型应包括设计意图、分析和施工所需的所有适当尺寸标注。应满足以下建模标准：

（1）所有对象的建模公差为 1/256 英尺。

（2）角度建模公差为 0.001°。

（3）尺寸公差应控制在 1/8 英尺和 0.1°。

章节 H：模型结构

1. 文件命名结构

模型的文件名格式应为：

项目编号 - 专业 .rvt（例如：项目名 -××××- 专业 .rvt）	
建筑模型	AACU_170800000_ARCH.rvt
结构模型	AACU_170800000_STRUCT.rvt
MEP 模型	AACU_170800000_MEP.rvt
IT/ 安防模型	AACU_170800000_IT.rvt
场地模型	AACU_170800000_CIV.rvt
景观模型	AACU_170800000_LAND.rvt

2. 测量和坐标系

测量系统应为英制。一层完工楼面标高应在 Z 轴上以 0 ～ 100 英尺的高度进行建模。参照文件应使用建筑模型中的 X 轴和 Y 轴，并将使用"原点到原点"方式导入。

3. 图纸编号

图纸应按如下方式编号：专业标识后接表示图纸类型的两位数字，后接破折号，后接两位图纸编号，如适用，后接平面段区域的单字母名称。例如：A02-01A、P02-01A、FS02-01A 等。

专业标识符号为：

场地	C
景观	L
结构	S
建筑	A
机械	M
电气	E
管道	P
音频 / 视频	AV

图 2-17　BIM 实施规划指南示例。为了更顺利地交付项目，该指南明确地定义了各自的角色和可交付成果的范例。图片由贾斯汀·道豪威尔（Justin Dowhower）提供

第三章

工具的意义

在讨论数字设计过程时，有个观点常常让我恼火："它只是一个工具。"这个表达既轻蔑又草率。不负责任的"只是"将工具使用的讨论降级到个人偏好的问题，近乎最喜欢的软饮品牌一样微不足道。这个表达是欠考虑的，因为它拒绝考虑用户与工具在某种意义上是辩证关系。在我看来，人类活动更像是这些观点的综合：人类共同创造了一种蕴涵个体功能的文化，这个人类文化告诉我们什么是个人行为的边界，或者至少是可以容忍的边界。

回到工具使用的话题，在我们的例子中，假设设计工具在工作中存在类似的辩证法。显然，手是操纵工具的主体，工具的设计往往倾向于某些特定操作。使用特定工具难道不会反过来损害用户的利益吗？

引言

工具是一种用于特定功能的器具或设备，通常被认为是手持的。因此，工具是身体的触觉延伸，通过触摸和本体感觉进行操作（图 3-1）。有趣的是，对 BIM 和数字设计过程的批评通常都指出，在操作过程中缺乏触觉设计经验。如果没有人的手来触碰，想必设计中就有欠缺。然而，如果你尝试在其他用户的机器上使用最熟悉的软件应用程序，工具布局、键盘快捷键和首选项，甚至操作系统都会随之改变。请注意，即使是使用最熟悉的、命令和手势已经成为第

图 3-1　作者的两个首选绘图工具：下面是一支 1951 年 Hex-O-Matic Retro 的 0.7 毫米的复古机械铅笔，上面是一支 EM Workman 5.5 毫米的软铅离合器夹。两者都是机械铅笔，可以用于非常不同的测绘。此外，选择哪支铅笔也会影响到测绘本身的性质

二天性的软件，操作过程也会突然变得非常棘手。由此可见，即使在最基本的手势级别，软件的使用也有触觉的特性。

同样，工具这个词也有一个模糊的文脉。我们可能首先将工具与过程区分开来。过程包括在一段时间内使用一个或多个工具来产生期望的结果。一个连贯的过程是有组织逻辑，并且可能使用相关的工具。当谈到数字设计过程时，我们假设数字工具（软件和硬件）占主导地位，它们可以将任何模拟数据（比如手绘）转换为数字格式，以便将其整合到上述数字设计过程中。我们可以将一个特定的 BIM 软件应用作为一个整体工具（如 ArchiCad）；也可以将软件中的特定功能组件作为工具（如"墙壁工具"或"楼梯工具"）；也可能会有软件工具（如 Vectorworks 的图形脚本语言）；也有像我们定义过程一样定义工具（如 Marionette）。所谓过程中有工具，工具中也有过程，如同套娃。为了便于讨论，我们不必对定义过于考究。如果在单个任务中使用它，我们可以将它简写为"工具"（图 3-2），而一系列任务构成的则就是"过程"。

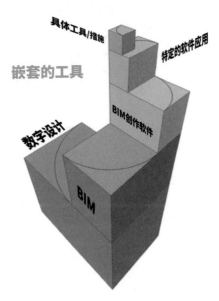

图 3-2　软件工具的语义或衍生含义：BIM 是一个工具，某个特定的 BIM 应用是一个工具，软件本身包含单独的功能或相互关联的功能，这些功能都是所谓的"工具"

对 BIM 和数字设计持批判态度的人有以下观点：设计纯粹是建筑师的天赋、训练和技能（这是关于建筑师的夸张说法），而 BIM 使设计变得愚笨。例如：

（1）它为用户直接提供软件工程师开发的现成的建筑构件（墙、柱、梁、地板和屋顶系统、门窗等），设计师甚至可以无须考虑构件的适当性或设计意图而轻易做设计，最终的呈现为一个空有其表的盒子。此外，BIM 项目往往都具有一定的相似度，易于识别（图 3-3）。

图 3-3　使用 BIM 进行设计的建筑项目是否有某些共性，是否泄露了它们的软件来源？你能通过肉眼看出该项目是否利用 BIM 来实现设计和文档输出吗？图片来源：利维·科尔哈斯事务所（Lévy Kohlhaas Architects）

（2）如果将绘画的触觉艺术排除在设计过程之外，建筑师就无法参与那些内在且至关重要的认知过程。

（3）BIM 软件不能整合具备高度精细元素的模型，因此不能将其作为开发细节的媒介。例如，BIM 的窗户模型是一个现实窗户的粗略模型，因此建筑师很难用模型来合理地探索设计。因此，CAD 仍然有用武之地。

正如大家所料，我是不敢苟同这些观点的。然而，这些合乎情理的担忧应该用理性的务实和好奇心来解决。让我们深入研究这些要点，更重要的是处理它们与设计师潜在兴趣的关系。

BIM：它到底是什么？

BIM 是一种使用数据丰富的 3D 几何图形来表达建筑系统的数字环境。这里所说的"环境"是专指计算机软件，包括计算机运行的硬件、软件内部进行的活动，以及软件以外的相关活动（例如，在项目中一起工作的人们之间的互动）。"数据丰富"不仅是指在建筑信息模型的组件和系统中的几何图形，还包含用户附加的或固有的识别特征的数据。无数据的 3D 模型本身并不是 BIM，但它们可被用作 BIM 工作流的一部分（图 3-4）。还有一些额外的功能是 BIM 特有的，但不足以严格定义"什么是 BIM"。

图 3-4　即便是一个引人入胜的，对定性设计评估裨益良多的模型，如果是无数据模型就不是 BIM。BIM 中的"I"是一个关键的组成部分，不仅允许在项目参与者之间共享模型，甚至能够在 BIM 中实现定量设计。图片来源：杰弗里·欧莱特（Jeffrey Ouellette）

1. BIM 经常但不一定是多个参与方

在相当长的时间里，大 BIM 和小 bim 之间一直存在着区别：建筑信息建模（强调过程）和建筑信息模型（强调数字产品，或者用于生产的软件平台）——在菲尼斯·杰尼根（Finith Jernigan）于 2007 年出版的开创性书籍《大 BIM 和小 bim》（第 4 版）（Big BIM little BIM）中做了详解。最明显的区别是，真正的 BIM 允许多个参与方通过共享数据进行协作，理想的情况是共同开发一个中心模型，每个参与方根据自己的专长为中心模型建言献策。BIM 不仅仅是一个软件应用程序。用户不可能简单地使用一个软件平台就期望获得 BIM 的所有好处（图 3-5）。

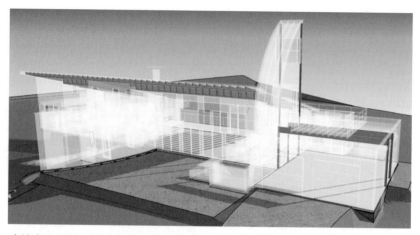

图 3-5   在这个项目中，建筑师用了 BIM 而结构工程师没有。数据以"平面的" 2D 绘图格式共享和交换（在本例中为 DWG 和 PDF）。在结构构件的尺寸和位置对住宅建筑有潜在影响的情况下，建筑师根据工程师的图纸对结构钢进行建模。在进行这样的翻模时，可能会出现各种错误，这就体现了端到端 BIM 的好处。尽管如此，即使只有一个设计团队成员在使用 BIM，它也是可实施的和有价值的

2. BIM 可能是参数化

虽然不是必需的，但是参数化建模是一个强大的数字化过程，几何图形可以完全依赖于参数设置。对于这些可定量的值，一般的建筑对象可以用内置工具建模，用户的数字输入可以直接输出为几何图形。最简单的例子就是参数化的门，它的宽度、高度、厚度等都是由用户的数值输入定义的。然而，某些输入和配置选项的确会受到软件的限制，这类工具是为了在大多数情况下提供便捷的功能，而无法满足某些特定功能。例如，如果软件开发者没有提前想到使用谷仓式门（叶片与墙壁平行，悬挂于置于墙面轨道上的滚轮），那么设计师可能无法在没有变通方法或开发定制工具的情况下使用这种门。

高程度的自定义的参数化程度包括用户在两个或多个离散几何图形之间建立规则或关系（图 3-6）。一个简单的例子是钢板的螺栓孔位置与整个钢板的形状有关：当钢板的大小被调整后，螺栓孔移位以适应已建立的新形状（一些配置可能"打破"规则并产生无效结果）。

最大程度的参数化表现为用户在 BIM 设计软件的保护伞下开发的完全定制的工

具。图形化脚本语言（如 Vectorworks 的 Marionette toolkit）为那些缺乏编码专业知识的用户打开了一道方便之门。

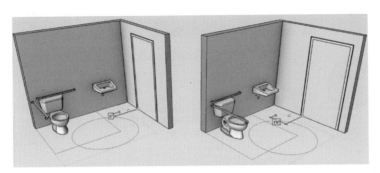

图 3-6　这个参数化 BIM 组件的例子说明了连接几何图形的相关性。在这里，尺寸弦被绑定到厕所和门上，用于牵制和控制它们之间的距离（左图）。随着尺寸的修改，图形也相应改变，沿着墙壁移动门，以符合可行性的情况（右图）。这种参数依赖关系可能相当复杂，当矛盾参数无法解决时，依赖关系便不复存在了

3. BIM 不是脱离数据的简单建模

对于建筑师和视觉设计师来说，BIM 最引人入胜的特点在于它能够轻易地在 3D 中呈现项目。在现有的 BIM 设计软件的帮助下，作品的艺术性和真实性在各种渲染功能里都可以完美地呈现。3D 视图可以正交投影，也可以透视投影，分段视图或剪贴视图在某些软件中也是可选的。这种内在的渲染能够允许甚至鼓励将可视化集成到 BIM 工作流中，即便早期的设计软件提供的呈现选择非常有限（通常表现为隐藏线呈现或基本呈现），但现在的强大的渲染引擎可以减少甚至消除 BIM 的专用导出渲染，主要是照片渲染或动画。简化演示的工作流，即便需要做一些渲染权衡，但也能够做到"随时随地"，这对设计作品的评估无疑是锦上添花的。此外，如果模型在另一个的软件中被导出，是不能再导回到 BIM 中的。换句话说，一旦设计有了改进，导出的渲染就不能再使用，必须全部或部分重新制作。可见，设计师的确会为了渲染的质量而牺牲工作流程（时间）的效率。

当然，有一些例子可以证明这种权衡是正确的。设计师也可以选择一种混合的渲染方式，即使用 BIM 进行日常的渲染，特殊的（在质量和频率上有更高要求的）渲染在一个专门的渲染软件应用程序中执行，从 BIM 模型导出基础 3D 几何图形（图 3-7）。

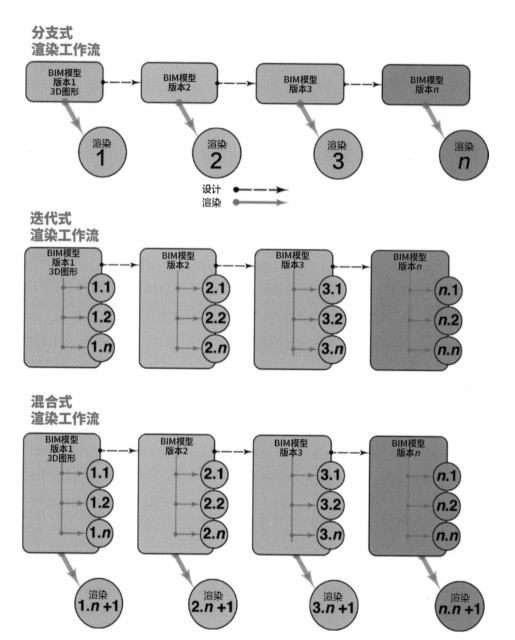

图 3-7　本图表是在一个较大的 BIM 环境下比较多种 BIM 工作流。上面的图是分支式渲染／可视化工作流。中间的图是一个集成的、迭代的 BIM 工作流。虽然前者可能允许稍高质量的渲染（概念上在这里用较重的流程线表示），但集成工作流由于其简单的操作和避免"终端"渲染而促进了更多的迭代。对于需要高质量效果图的项目，混合方法（下面的图）允许更快的、集成的"联机"效果图偶尔糅合的"终端"可视化

关于渲染工作流的背景讨论并没有提到 BIM 中数据的重要性。很明显，BIM 中的可视化对建筑师是至关重要，甚至是必不可少的。然而，仅包括 3D 几何图形和渲染的无数据建模工作流不是 BIM。BIM 中的 "I" 旨在通过广泛的关键定量分析工具和成型效果来丰富设计的决策过程，在本书第 5 章和第 6 章的案例研究中，我们将有更多探讨：

（1）被动环境系统的建筑一体化：朝向、围护结构类型和形态、通过风力和烟囱效应实现的自然通风、遮阳、采光、建筑集水。

（2）主动环境系统：光伏、太阳能集热、人工照明。

（3）平衡有对立关系的因素，例如优化建筑对地形的响应和太阳能优化之间的紧张关系。

（4）利用 BIM 几何和性能数据进行结构设计和可施工性设计。

BIM 的天然优势就在于高效文档处理和减少设计错误，这逐渐培养了一种倾向于忽视量化设计机会的态度。那些仅仅把 BIM 作为一种标准化的建模应用来使用的设计工作室，其目的仅仅是提高生产效率和增强冲突检测，而忽略了设计本身的可能性，甚至可能将其带入一个全新的方向。这并不是要否定 BIM 的效率，实际上，它是一种能实现精细设计的技术。但是如果不考虑 BIM 特有的生产方式的价值，运算设计很可能会被时间所遗忘。

BIM 不仅仅是 "更快、更好的 CAD"。BIM 数据可以带来更丰富的设计可能性，并在设计师的思维之外提出潜在问题的解决方案。当设计师在更宽泛的定性设计过程中，将定量分析作为关键验证因素时，BIM 会给设计师带来另类的构造、新颖的建筑，甚至是完整的自创建筑词汇。

此外，一个非 BIM 的 3D 工作流程不仅效率低下，还可能错失了优化设计的机会。可惜的是，对于大多数公司，不论是建筑表面或 NURBS 建模，在早期设计阶段开发都仅限于 3D 和无数据建模程序。当然，非 BIM 建模也没有什么错，只要模型没有被过分强调，适当地使用这样的软件在实际的设计工作流程中必不可少。然而，当工作流程不包含 BIM 时，设计深度会被影响从而使得设计过程有所限制。不幸的是，简单地将 3D 模型导出到一组 "平面" 的 2D 图纸中以用于 CAD，并将其导入到施工图中，是极其常见的（图 3-8）。此外，将 3D "设计" 与 2D "文档" 区分开来的同时，也树立起一个区分设计师与制图员之间的阶层属性，这让我们回想起以前的实践组织，设计师在边缘办公室，而制作人员则占据中央绘图池，这显然有些过时了。

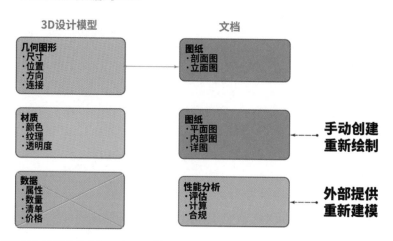

图 3-8　效率低下甚至错失良机：在 3D 建模应用程序中实施 CAD 和 BIM 的工作流。大部分或大部分设计都必须重新绘制，任何性能检查或合规性计算都必须在设计模型之外进行，这需要额外的工作，并极有可能导致不一致或错误的信息

4. BIM 就是数据

实际上，认为 "BIM= 模型 + 数据" 是错误的。模型就是数据，或更准确地说，模型是数据的一部分。模型是各组成部分的几何形状，它们的位置、方向、三维范围、地形、表面积和体积都是综合建筑模型数据的一部分。BIM 包含了智能和语义的几何学。智能之处在于，它潜在地拥有超越几何定义的数据。因此，钢结构构件可以包含其密度数据（以便计算质量，从而计算结构性能或成本）。几何是语义的，因为它有意义和文脉。该钢构件也可能被标记为梁或柱，实现或不实现结构功能（即区分为 "结构" 或 "建筑" 元素），这些区别将影响 BIM 结构分析软件的静态计算。

BIM 的智能和语义是一个非常重要的概念。那些缺乏智能（数据）或建筑元素的语义区别的数字模型是不容易分析的。这样的模型仅仅根据组件的类型对其进行分类或分层，实在是徒有其表，就像 DWG 用于操控对象类型的可见性和线宽一样。虽然这可能对 CAD 甚至 BIM 生产流程很重要，但 BIM 可不仅是生产流程。智能和语义指出了一个借助 BIM 可实现的潜在命题：建筑不仅仅是任意对象的集合；相反，它可以被视为系统，并表现为系统。建筑的"系统思考"方法需要更深层次的设计敏感性，将建筑视为超越雕塑的作品。系统思维也不排斥建筑的感官反应、情感诉求，甚至是美。实际上，一种系统设计方法和对性能的关注可能更着眼于建筑上的考量。作为人类，我们对建筑的反应是由我们对光、声的生物反应和对热条件的感官反应组成，并告知我们本体的感受。建筑的性能涉及所有这些问题。从建筑性能出发的设计提高了我们对建筑的满意度，而不是降低它。

　　3D 是静态的，它表现着建筑最理想的样子。然而，添加数据和分析之后，该模型就可以进行模拟了：在各种条件下或随着时间的推移，以相当直接或复杂的方式测试其性能。例如，目前有大量的能源分析工具，可以内置到 BIM 设计软件中，也可以通过使用 gbXML 或 IFC 等格式将数据丰富的 BIM 模型导出到专门的能源分析软件中。能源分析需要模拟某些特别的时间段，因为气候和季节变化影响建筑的热能和性能。为了确定外部能源负荷，全能源模型迭代式地给定一年的平均气温数据。在能源建模方面，建筑几何模型采用了简化形式，因此墙壁可以用平面来表示，窗户可以用没有颗粒状连接的矩形表面来表示。附着在这些简化表面上的数据才是关键：朝向、反射率、发射率和热阻都会被考虑在内。同样，窗户的热性能基于窗户的整体装配，所以没有必要区分窗框、窗扇、玻璃等单个部件：窗户作为一个整体附带了表示其 VT（视觉透过率）、SHGC（太阳热增益系数）和 u 系数（热导率）的数据。室内空间的占用率是至关重要的，它定义了房间的用途及其相应的能量负荷和时间表。空间对象因此成为能源建模软件的关键，即使它们根本不代表建筑组件的抽象构件——它们代表空气和活动的体积（图 3-9）。

　　简单来说，SimTread 是一个 BIM 插件，可以模拟人流疏散路径，帮助设计师分析和改进大型活动、疏散和应急的交通模式。虽然这是一个基于 2D 的模拟软件，但人流的"替代物"却能够识别像墙这样的障碍物，具有可变的运动速度，并可以真实的速度通过门离开。

图 3-9　BIM 模拟示例。BIM 模型的几何形状被简化，对能源性能影响微不足道的外部组件被排除在外，但模拟过程中的占用率和活动的抽象数据会被详尽记录

5. BIM 不仅仅是一种文件格式

我经常听到建筑师或他们的员工说"稍后给你 CAD 文件"或"我们有 CAD 项目"之类的话。当然，他们指的是 AutoDesk 的 AutoCAD。人们经常误解 CAD 就是 AutoCAD，但事实并非如此。AutoCAD 肯定是 CAD，但 CAD 不一定是 AutoCAD。坊间有很多合法的 CAD 平台，其中很多名字中没有"CAD"。当有人向你发送"CAD 文件"时，他们可能指的是 DWG——AutoCAD 文件的专有格式。在 20 世纪 80 年代和 90 年代，人们迫切希望 DWG 格式能实现互用性，以至于其他软件供应商联合起来对这种格式进行逆向工程，实现了文件导入和导出，由此诞生了 OpenDWG 联盟，即现在的 Open Design Alliance。

如今，BIM 和 AutoDesk 的 Revit 被更加错误地融合在一起。首先，Revit 仅仅是一个 BIM 设计平台，而 BIM 生态系统比那些用于建筑、结构、机械或土木工程内容的应用程序要广泛得多，还包含其他更多的应用程序（图 3-10）。

创作/设计

建筑

- 4M IDEA Architecture
- AutoCAD Architecture
- ViCADo.arc
- NTItools Arkitekt (Revit plug-ins)
- cadwork wood
- Vectorworks Architect
- Digital Project
- ARCHICAD
- Allplan Architecture
- VisualARQ
- DDS-CAD Architect
- Bentley speedikon V8i (SELECTseries4)
- Revit Architecture
- IFC-to-RDF Web Service
- SPIRIT
- EliteCAD AR
- 4MCAD PRO
- Edificius
- AutoScheme
- Renga Architecture
- AECOsim Building Designer V8i
- BricsCAD
- ARCHLine.XP

建筑运维

- GALA Construction Software
- DProfiler
- IFC Takeoff for Microsoft Excell
- Synchro Professional
- CostOS BIM Estimating
- BIMProject evolution
- DDS-CAD Construction
- Navisworks
- ISY Calcus
- Vico Office Suite
- CostX
- SUperPlan
- Tekla BIMsight
- EcoDomus PM
- AutoBid SheetMetal
- SmartKalk
- PriMus-IFC
- Asta Powerproject BIM
- Cubicost TAS
- RIB iTWO
- CerTus-PN
- ArtrA
- CerTus-IFC
- ManTus-IFC
- usBIM.gantt
- usBIM.platform

结构

- SteelVis
- Advance Concrete
- NTItools Konstruksjon (Revit plug-ins)
- Tilt-Werks
- AVEVA Boca Steel
- Revit Structure
- Advance Design
- Allplan Engineering
- Tekla Structures
- Advance Steel
- StruCad
- SDS/2
- RSTAB
- CSiBridge
- 4M STRAD
- FEM-Design
- AxisVM
- STRAKON
- InfoCAD
- SPACE GASS
- Bentley Structural Modeler v8i
- SOFiSTiK Structural Desktop (SSD)
- ViCADo.ing
- ScaleCAD
- SAP2000
- Scia Engineer
- ETABS
- RFEM
- CAD/QST
- Tricalc
- CYPECAD
- SAFI 3D
- EdiLus
- AECOsim Building Designer V8i

一般建模

- Ziggurat
- Constructivity Model Editor
- ggRhinoIFC
- SolidWorks Premium
- FreeCAD
- usBIM.clash
- usBIM.code
- Solid Edge
- SketchUp

图 3-10　当下 BIM 的生态圈。其中只有一部分是设计应用程序，Revit 只是其中之一

协作

数据服务

bimsync
Constructivity Model Server
EDMserver
BIM Collaboration Hub
cBIM Manager
BIMserver
ActiveFacility
IfcWebServer
Business Collaborator CDE
Trimble Connect
ArchiBIM Server
CESABIM
GliderBIM
BIM Track
IFChub
Aconex
Adoddle

模型查看

bimsync
Dalux Building View
Constructivity Model Viewer
IFC2SKP plugin
Nemetschek IFC Viewer
DDS-CAD BIM-Enhancer
IFC File Analyzer
DDS-CAD Viewer
Solibri Model Checker
BIMReview evolution
Dalux BIM Checker
FZK Viewer
IFC Quick Browser
simplebim
AutoVue 3D Professional Advanced
Tetra4D Converter
StruWalker
IFC Engine Viewer
Solibri Model Viewer
RxView
ArchiBIM Viewer
ArchiBIM Analyzer
performa Manager
performa Urbanscape
NaviTouch
usBIM.browser
BIM Vision
usBIM.viewer+
MicroStation V8i
MicroStation View V8i
MicroStation PowerDraft V8i
Bentley Navigator V8i
Revu

施工管理

GALA Construction Software
DProfiler
IFC Takeoff for Microsoft Excell
Synchro Professional
CostOS BIM Estimating
BIMProject evolution
DDS-CAD Construction
Navisworks
ISY Calcus
Vico Office Suite
CostX
SUperPlan
Tekla BIMsight
EcoDomus PM
AutoBid SheetMetal
SmartKalk
PriMus-IFC
Asta Powerproject BIM
Cubicost TAS
RIB iTWO
CerTus-PN
ArtrA
CerTus-IFC
ManTus-IFC
usBIM.gantt
usBIM.platform

资产管理

FaMe
MORADA
IBM TRIRIGA Facilities Manager
EcoDomus FM
DaluxFM
ACTIVe3D
openMAINT
performa Asset Management System
ArchiFMS
Modelspace FM

图 3-10　当下 BIM 的生态圈。其中只有一部分是设计应用程序，Revit 只是其中之一（续）

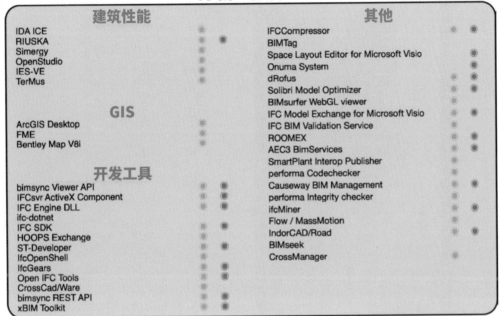

图 3-10 当下 BIM 的生态圈。其中只有一部分是设计应用程序，Revit 只是其中之一（续）

　　BIM 软件包括验证模型完整性的检查软件、用于工程量估算的算量软件，以及能源和结构分析软件等（图 3-11）。即使在 BIM 设计这一个领域内，Revit 也面临着 ArchiCAD、Bentley 和 Vectorworks 等公司的竞争。

　　美国总务管理局是美国最大的"地主"，拥有并管理着大量的房地产资产组合，并将其出租给美国政府的各个机构。因此，它雇用了大量的建筑和工程公司。随着 CAD 的广泛采用，建筑文件被数字化，美国总务管理局对其下的建筑师和工程师均提出相关要求。虽然这些提交标准和协议并不针对非美国总务管理局雇用的公司，但作为该国最大的土地拥有方，美国总务管理局对整个行业有重大影响，甚至延伸到那些非政府相关的工程。在此之前的几十年里，美国总务管理局坚持以 DWG 格式提交完成的建筑文件（如 .dwg 文件），这是 AutoDesk 的一种专有文件格式。这种颇为短视

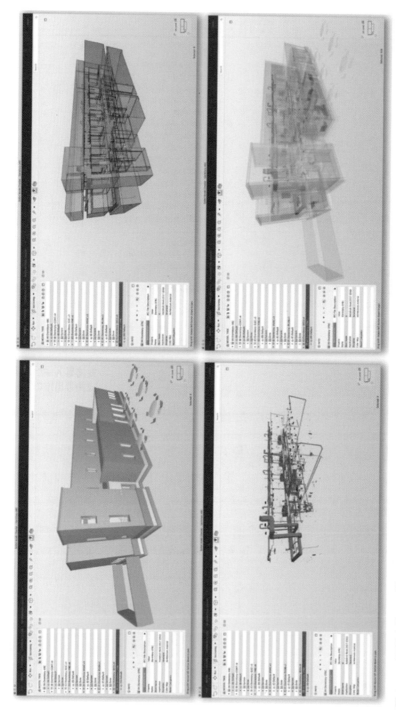

图 3-11 图例中的项目模型源自一个 BIM 设计软件，同时可以在模型检测器中查看。数据互用性是 BIM 的关键组成部分。项目来源为草原天空（Prairie Sky）咨询公司的东翼宿舍（East Dormitory）项目。文件在 Attribution-ShareAlike 4.0 国际许可下被使用

的要求是其他软件供应商形成开放设计联盟（Open Design Alliance）的部分推动力，否则他们的软件产品将不能被从事任何政府相关的公司使用。

　　随着 BIM 的出现，美国总务管理局变得更敏锐。即使它要求承包商提供建筑信息建模工作流程和文件，但美国总务管理局规避指定专有的 BIM 格式。这一次，管理部门要求项目以 IFC 的形式提交，这一中立的 BIM 格式在第 2 章中有更详细的讨论。所以 Revit 当然是 BIM，BIM 也肯定不仅限于 Revit。换句话说，BIM 并不仅限于 RVT 这一种格式。

中立工具的迷思

　　我认为绘画既具有触觉表现力，又具有视觉信息感。在绘图的过程中，我们是在对一个正式的想法进行表达，并同时评估该表达是否成功（图 3-12）。在这个过程中的触觉反馈，是来源于手部多年练习的肌肉记忆。一个画者几乎能同时做到表达和评估，他将想法画在纸上，并在同一时间对其进行判断。结果是未知的，或者，至少在设计师开始绘制时是不确定的。对于那些曾绘制出气泡图来确定某部分，或在新情况下用铅笔在纸上画出建筑草图的人来说，不确定是显而易见的。然而，不熟悉设计的人认为绘画只是交流，但绘画（在设计过程中）实际上是一种探索。如果人们想要传达一个既定的设计理念，但在

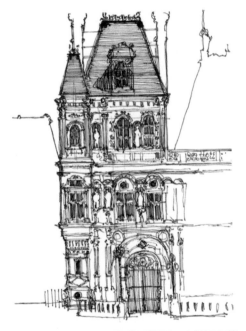

图 3-12　巴黎市政厅部分手绘图。人们只有能把一栋建筑画下来，才是真正认识一栋建筑。因为，你以为你看到的建筑，其实并不是那栋建筑的样子，只有在画它的过程中，才能真正看到它

反复设计的过程中，设计图也可能会有细微的差别或修改，即便该理念对于设计师已然熟记于心。

你同意吗？现在，重读上面的段落，并用动词"建模"代替"画"，用"鼠标"代替"画笔"，用"屏幕"代替"纸张"。

我认为，建模既具有触觉表现力，又具有视觉信息感。当一个人在建模时，他是在对一个正式的概念进行表达，并同时评估该表达是否成功在这个过程中进行触觉反馈，是来源于手部多年练习的肌肉记忆。一个画者几乎能同时做到表达和评估，他将想法画在纸上，并在同一时间对其进行判断。结果是未知的，或者，至少在设计师开始绘制时是不确定的。对于那些曾绘制出气泡图来确定某部分，或在新情况下用鼠标在屏幕上建模的人来说，不确定是显而易见的。虽然那些不熟悉设计的人可能认为建模是关于交流的，但建模（在设计过程中）实际上是探索。如果人们想要通过建模来传达一个既定的设计理念，但在迭代的过程中可能会产生细微的差别或修改，即便该理念对于设计师已然熟记于心。

对于那些坚持认为铅笔是卓越设计工具的人，我调整了上面这段文字的某些词，作为建模的触觉合法性的论据。我是一个随身带着铅笔的人，我很喜欢它。但我很清楚，即使我再也不能用笔，我依旧是建筑师。数字建模作为一种探索性的设计媒介不合理性仅此而已。

上面关于铅笔和纸、鼠标和计算机的比较，仅限于手势层面，还没有触及各自设计方法论下的认知过程。为了便于讨论，让我们假设铅笔和鼠标具有同等的设计合理性。如果这仅仅是一个个人偏好的问题，就不会有太多的争论。数字设计的怀疑者和倡导者对设计途径有各自的定位，因为他们认为自己的设计过程更有价值，他们贬低，甚至蔑视对方。

一个争议点是，传统设计的拥趸认为，设计工具是中立的。也就是说，设计的能力在于设计师能力，而不是他的工具。虽然很明显，工具促进了设计这一种特定的活动。当传统设计师声称数字设计会导致劣质设计结果时，矛盾就产生了。如果工具真的是中立的，怎么会是这样呢？

除了触觉过程之外，还有一个更深层次的问题需要考虑：是否存在中立工具？使用一种特定的工具或设计过程会导致特定的结果吗？工具是否会影响甚至主导设计？我不清楚这个问题能否得到客观和明确的回答，但这无疑是个值得探讨的问题。

显然，工具的影响程度取决于作者与工具的关系。打个比方，假设有两个具有同等专业经验的设计师，他们都使用相同的 BIM 设计软件。其中一位严格使用 BIM 进行三维可视化，提高设计和文档图纸的制作效率。我们可以将这种工作流称为"BiM"，其中包含少许信息化。信息可以被整理、提取、索引、呈现和引用，但它不被用作探索的媒介。这些数据从来不能回答设计师"如果……"的问题。也许图纸索引会从可交付的图纸中自动生成，图纸和细节会相互参照，以便图集的内部协调，又或者门窗的时刻表会从模型中生成。这当然是有价值的，软件程序员和开发人员已经花费了大量的精力，使这种实用程序尽可能做到稳定和无障碍连接。但这也仅此而已。虽然 BIM 内在的数据得到了一些应用，它仅限于设计师对设计的已有认知。

再考虑另一位设计师，他正在使用同样的软件。这位设计师认为，对于设计来说，数据和模型同样重要。该模型不仅用于三维可视化和更高效产出，而且具有探索功能。也许是将整个表面面积与建筑面积相比较，或将朝南的玻璃与内部暴露的热质量相比较，或将出口的大小与自然风的风动气流率相比较。正如第 5 章和第 6 章中的案例研究所表明的那样，设计师可以对模型提出任何数量的问题。显然，设计师需要有一定的专业知识来提出恰当的问题，并能够理解答案。这并不意味着设计师在黑暗中摸索，当然问题也会影响解释。但最关键的是，这位设计师是在通过设计揭示一些建筑中潜在的东西。

指导原则

将 BIM 的应用扩展到设计实践中是一项艰巨的任务，面临着技术、社会和专业等方面的挑战。有一些有用的指导原则需牢记于心，个中原则有些需要内省，有些也不构成连贯的设计理念，大都是从多年的实践里提炼出来的经验。

1. 精确不等于准确

由于 BIM 提供的信息非常详尽，所以将细化的信息误认为正确是习以为常的。事实上，精确和准确是两回事。精确是一个值或计算的精准程度，的确与准确是相关的。然而，也存在完全错误的精确数字。准确是对正确性的一种衡量。近似值本身不可能是绝对准确的，但如果在准确但不精确的值和精确但不准确的值之间选择，必然要取前者。例如，停摆的钟一天显示了两次精确时间。

在设计前期，做到准确，是可能的，但是可能没有用处。首先，无论考量的是什么，都可能发生变化，哪怕是极微小的差池。因此，精确到小数点后三位的测量还有可能具有权威性上的误导。例如，我们给早期一些项目做设计能量分析，也就是评估建筑系统和组件是否完善的设计指南和性能规则。分析的目的不是预测实际性能，而是指导设计师做出相关的设计决策，例如，"墙 A 的热性能比墙 B 好 5%"（图 3-13）。另一方面，能源建模，即物理建模（通常基于 FEA 有限元分析），以更确定和详细的模拟建筑性能。为了精确的能量建模，通常需要广泛的项目数据——比如使用精确的

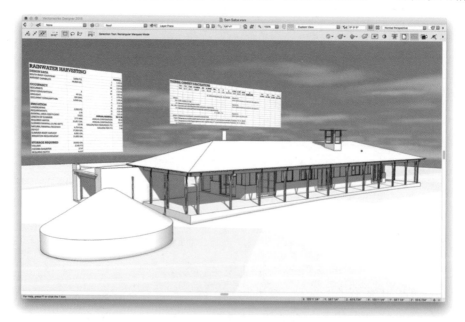

图 3-13　在建筑性能报告中，一个合理的近似值比一个精确但错误的值要有用得多。对于设计的早期性能分析，哪怕项目的信息都还不清楚，仍然可以得到非常有用的信息

机械系统将照明和住户的时间表相吻合——这些可能在原理图设计中是不涉及的。此外，当模型成熟到可以适当地使用能量建模时，许多设计决策便可以决定了。因此，在设计早期使用较少粒度的能量分析方法很关键，此时对项目的了解较少，更多是受到发展的影响。最后，即便能量建模也不能准确预测真实情况，这并不是因为计算机模型或者物理学没有被很好地应用。相反，建筑是由人居住的，主体往往会做一些混乱且不可预测的操作。

2. 打造属于自己的工具

大多数 BIM 设计软件都允许以脚本的形式进行一定程度的个性化定制。正如图形化脚本语言 Rhino Grasshopper 在设计师和建筑系学生中广受好评一样，BIM 程序开发人员也注意到了这一点（虽然 Rhino 是一个非常稳健的 3D 建模器，可以是 BIM 工作流中的一个插件，但 Rhino 本身并不是 BIM 应用程序）。例如，Revit 的 Dynamo 和 Vectorworks 的 Marionette，这些类型的可视化编程工具在第 1 章和第 7 章有更深入的讨论。除此之外，大多数 BIM 设计软件具有相当程度的灵活性和个性化定制功能（图 3-14）。在建模方面，自定义模型元素可以是新建的、标准件或者再利用；在数据

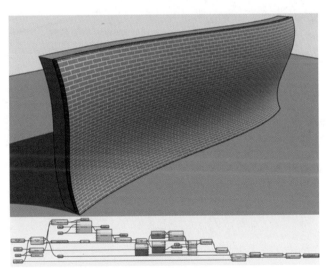

图 3-14 一个图形化脚本及其控制的 3D 几何图形的示例。这样的脚本还可以用于非建模任务，如自定义图形或文件组织实用程序。图片由 Vectorworks 公司提供

方面，报表或工作表就像嵌入式电子表格一样，允许查询模型元素，像 Excel 表格一样简单。我个人的 Vectorworks 的许多可持续设计工具都是简单的工作表，例如查询屋顶的面积以推荐蓄水池的大小，或使用指定的门窗作为进出风口，计算被动热烟囱的空气流量等。

这样的专有化定制，无论是简单的电子表格还是更复杂的脚本，都允许用户在开发人员没有现成的解决方案来满足特定需求时，创建或改造用户自己的工具（图 3-15）。虽然在前期需要做一些工作，但随着在一个又一个项目中被复用，或者适应稍有不同的项目需求，定制化工具最终会成为一种高效的投资。相对来说，特定流程所需的简单或复杂的自定义工具都是低投入高收益。

图 3-15　一个简单但强大的带有模型输入的个性化定制工作表。进风口和出风口的尺寸及其相对高度构成一个工作表，以计算由于烟囱效应而产生的近似热烟囱的空气流量

"没被禁止的事就是必须要做的事。"这是我就读新墨西哥州圣达菲圣约翰学院的一位科学导师的座右铭（该校的教师被称为导师，而不是教授）。作为一名分子生物物理学家，杰拉尔德·迈尔斯（Gerald Myers）博士在 20 世纪 80 年代中期创建了一个 HIV 基因序列数据库。作为一名老师，他鼓励他的学生要具备好问、好奇和开放的

思想。我把他的格言理解为：各种探索和探究对科学家或研究人员来说是必需的，任何不违背已知法律的事情不仅是开放的，更是必需的。如同科学原理，设计也是对真理的探索。所谓的建筑解决方案，不是被隐藏的物理定律，而是过程和目标上的新探索。设计师表达他已经知道的东西是在辩论，而非设计。作为设计师，我们必须去发现、探索、调查、研究和创造。

3. 数据是你我共同的画笔

显然，将 BIM 作为有效的设计方法是需要使用者在一定程度上精通此道，这种精通取决于两个不同的领域。首先，设计师须具备在软件方面的基础水平，才能够完成有意义的设计。好在大多数软件都有丰富的说明文档和 YouTube 视频资源。所以，掌握软件的障碍不是技术上的，而是设计师对于软件操作的精通程度和时间上耗费的意愿。此外，设计师的从业背景也决定了设计作品的意义或趣味，精通 BIM 的另一个重要领域便是设计师的设计经验。换句话说，在设计过程中要有足够的经验才能提出好的问题，并且还要具备即便不知道答案也不会丢失的自信。

有趣的是，保持自信向设计师释放了一个允许失败的空间。自我怀疑会将设计师从探索创新的边缘地带拉向稳妥但黑暗的洞穴。一个卓有成效的研究要求设计师愿意接受新奇，愿意适应不舒服，愿意接受脆弱而不是傲慢，即使答案唾手可得也要时刻保持好奇心。BIM 设计的要素便是所有出色设计的要素：自信、好奇和出奇制胜。

第四章

适宜的技术

在现代社会中，我们对科技爱恨交织。一方面，我们乐观地相信，这些新设备、新软件必将改变我们的生活，解决所有的问题，并带领我们进入一个生产力指数增长，享受无忧无虑工作的崭新的未来；而另一方面，我们讨厌被束缚在个人设备上，我们的时间被管理软件所占用，被硬件崩溃所破坏，我们把所有的精力花在处理漏洞、软件设计缺陷和令人困惑的软件应用程序生态系统上。

如同人际关系一样，我们与科技之间关系的问题在很大程度上基于未经实践检验和完全不切实际的期望，以及不受任何个人责任感的阻碍。我们期望于一个能助力复杂建筑设计和建造的多系统软件，在不妨碍我们的前提下预测所有的设计需求。请注意，我们正在设计的建筑是虚构的（因为它还不存在），起码在设计之初，我们还不确定它长什么样，并且无论设计是否复杂，软件应当是简易和直观的。简而言之，我们希望能够像玩吃豆人一样来设计圣家族大教堂（类似用麻将牌搭故宫）。

那么，我们使用 BIM 最实际的期望是什么呢？关于技术的适当性，使用者应该如何自省？BIM 技术应该如何适应更大格局的设计和建筑的本质呢？

引言

最初，建筑师采用 BIM 是源于 AEC 行业之外的压力。大型总承包商看到了 BIM 在工程量估算、多专业冲突检测以及施工工艺模拟等方面的好处。我从总承包商处了解到 BIM 的好处，他们经常基于建筑师的 2D 创建 BIM 模型；一个数字模型是值得"从头开始"的。我甚至从总承包商那里听说，即使设计团队共享他们的 BIM 模型，他们也会创建自己的 BIM 模型——这似乎削弱了共享协作模型的价值。

业主原则上是喜欢 BIM 的，因为施工总承包商能够以同等或更低的成本更快捷、更正确地交付项目，何乐而不为呢？但对于建筑师来说，BIM 比之前 CAD 的应用要慢得多。许多建筑师对业主提出的 BIM 格式的交付物持怀疑态度。很多人并不清楚（甚至对客户来说）这到底意味着什么。对于质疑者来说，BIM 意味着更多的工作和更大的责任，却没有相应的报酬。虽然诸如新的建筑服务协议和保险合同等此类社会机制已经取得了长足的进步，但机制落后于技术是历史性问题。此外，建筑行业并没有自主探索 BIM，而是在大多数情况下被第三方诱导或要求。也许几个世纪以来，建筑学培训教会了我们如何基于 2D 图纸形成 3D 模型，甚至建筑师认为 3D 工作流程是多余的，鲜有建筑师觉得他们需要一种新的方式来设计和记录建筑作品。

如图 4-1 所示为手绘与建模、CAD 绘图与建模和 BIM 三种设计流程；如图 4-2 所示为这些工作流如何在专业人员之间共享信息。

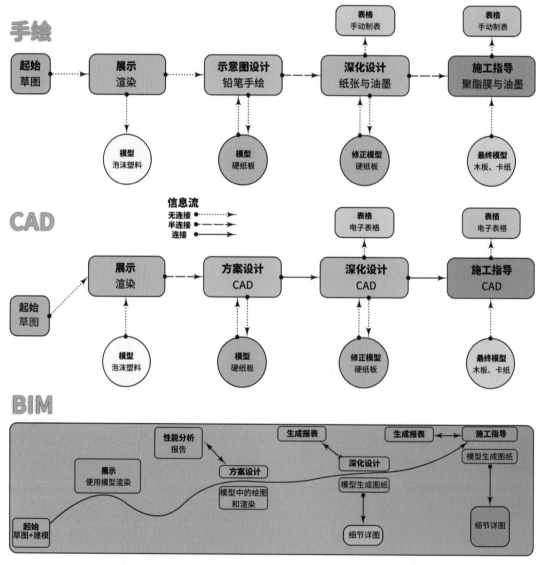

图 4-1　三种设计流程的简化图：手绘与建模、CAD 绘图与建模和 BIM

手绘

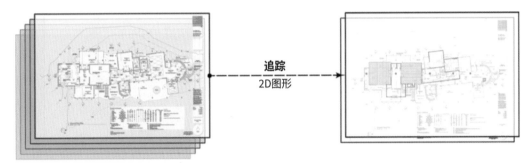

追踪
2D图形

CAD

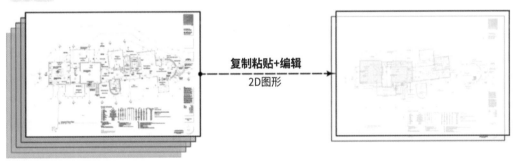

复制粘贴+编辑
2D图形

BIM

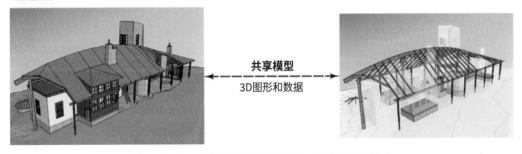

共享模型
3D图形和数据

图 4-2 三个工作流如何在设计专业人员之间共享信息

向 BIM 转型

大多数大型公司已经或计划向 BIM 转型。根据 2016 年美国建筑师协会的调查数据显示，"大型公司都趋于向 BIM 转型，且速度比预期要快。2015 年只有 2% 的人表示不使用 BIM，在 2013 该数据为 10%"。多年来，我一直在各种专业会议上讲授小型设计公司和住宅建筑采用 BIM 的优点。在我的上一本书《小规模可持续性设计中的 BIM》（BIM in Small-Scale Sustainable Design）中，讨论了小型设计公司执行住宅项目和其他项目的案例。据同一份美国建筑师协会报告显示，2013 年和 2015 年，小型建筑事务所的 BIM 应用均为 28%。

不打算使用 BIM 的占比也仍然保持稳定。其中占比最多的是 10 名员工以下的小公司，占 45%。这可能与住宅占比高有关，因为 44% 的住宅设计公司表示没有计划使用 BIM。这一比例也保持相对稳定。

虽然小型设计公司在采用 BIM 方面面临着独特的挑战，但是建筑信息建模工作流对项目带来的好处是和大公司一样的，尽管可能是以不同的方式显现出来。BIM 之所以在大型企业和大型项目中被广泛采用，是因为它的协调和互用性优势显而易见。建筑逐渐变得更加复杂；拉姆齐（Ramsey）和斯利泼（Sleeper）1932 年第 1 版《建筑图形标准》并没有在索引中列出"空调"或"机械"，电气类的条目总共只有 6 个，管道类的条目有 12 个（图 4-3）。考虑到现代建筑的复杂性，建筑师有更大的协调负担，而 BIM 非常适合解决这个问题。此外，大型建筑的业主已经认识到拥有数字建筑模型的运营价值，即使他们并不总是把它发挥到最佳效果。

对于涉众较少、协调问题较为简单的小公司来说，BIM 的互操作性就不那么吸引人了。许多小型建筑业主并不知道 BIM 的存在，即便他们隐约地听说过一些建筑师使用 3D 数字模型。然而 BIM 对于小公司的优势，在本书和我的上一本书中都强调了，仍然是非常引人注目的：

（1）图纸内部协调（文档联动处理能力）。

（2）可视化（定性分析能力）。

建筑图形标准

1932年

Heating Pipe Chases 144
Heating and Ventilating Symbols......149
Heating and Water Pipes In Wall
Chases 144
Ventilating Conventions 149
Ventilating and Heating Symbols......149
Electric Conduits and Underfloor Ducts.152
Electric Heater Location, Bath 138
Electric Refrigerator Sizes 193
Electric Work For 2" Solid Metal-Lath
and Plaster Partitions..................151
Electrical Bracket, Outlets, Panel-
boards, Switches, etc...................151
Electrical Symbols 150
Plumbing and Drainage of Swimming
Pools, 1/4" = 1'0" 181
Plumbing Fittings, Diameters 143
Plumbing Fixture Indications and Sym-
bols...142
Plumbing Fixtures, Bathtubs, Toilets,
Urinals, All Types and Roughing
Dimensions.................................146
Plumbing Fixtures, Bidets, Dental Basins,
Kitchen Sinks, Laundry
Trays, Manicure Tables, Slop Sinks.147
Plumbing Fixtures, Lavatories...........145
Plumbing, Lead Bends and Vents......143
Plumbing Pipe Chases......................144
Plumbing Pipe Diameters..................143
Plumbing Pipes, Partitions for..........193
Plumbing Symbols 142
Plumbing Tanks, Hot Water Storage 148

2016年

Electrical components, 871, 879, 889, 902
Electrical devices, 747
Electrical outlet boxes, 540
Electrical panelboards, 752-753
Electrical services, 740-767
branch wiring, 746-754
busways, 746
facility power generation, 762-765
industry standards, 744
lighting, 754-761
lightning protection, 766-767
low voltage motor control centers, 746
motor starters, 740 4745
substations, 744, 745
sustainability, 744
switchboards, 745
transformers, 744
Electrical trench ducts, 338
Electrical utilities, 1001-1003
Electric heating systems, 696, 711
Electric traction elevators, 643, 646-647, 649
Electric water coolers, 681-682
Heating, ventilating, and air conditioning
(HVAC), 691-730
in athletic rooms, 919
control systems for, 725-731
delivery components, 722-725
design considerations four, 691-694
distribution arrangement and components, 711-721
heat generation components, 699-707
penetrations of radiation shielded rooms for, 902
refrigeration components, 707-711
source components, 699-711
system types, 694-699
Plumbing, 659-690
accessibility, 660
compressed air systems, 688-690
design considerations for, 659-690
domestic water distribution, 660-661
fixtures, 674-682
fuel distribution utilities, 661-663
graywater systems, 685-688
penetrations of radiation shielded
rooms for, 902
piping, 670-674
process support systems, 663-670
rainwater drainage, 682-685
sanitary waste systems, 663-670
sustainability, 660
for swimming pool, 909
Plumbing codes, 67, 660
Plumbing fixtures, 674-682
bathtubs and showers, 678-679
drinking fountains and water coolers, 681-682
fixture units, 674
hose bibbs and wall hydrants, 679
lavatories and sinks, 676-678
minimum hot water temperature for, 667
operating pressures for, 662
piping for, 663
supports for, 680-681
traps for, 665
water closets, urinals, and bidets, 674-675

图 4-3 上图对比了 1932 年第 1 版及其修订版 2016 年第 12 版，《建筑图形标准》索引节选。索引内容由约翰·威立与施坦威（John Wiley & Sons）提供

（3）与其他设计专业人员的互用性（协调能力）。

（4）定量分析（BIM 中的"I"信息能力）。

（5）连续的、标准工作流程的、往复的设计过程（迭代能力）。

第一点和第三点是吸引大型企业采用 BIM 的主要因素。文档联动处理能力是吸引大大小小的公司使用 BIM 的"主力"，但其实这是 BIM 优势的冰山一角（图 4-4）。

一家公司的确需要运用一些策略和战术，才能让其成功地实现 BIM 转型。BIM 新手应该明白，真正的 BIM 转型不仅仅是改变软件平台。正如本书的其他部分希望充分阐明的那样，当完全将其落地实施后，BIM 就是一种新的设计方式，对实际工作的影响意义匪浅。

相较而言，新软件、硬件的成本，以及实施 BIM 所需的不那么明显的培训成本则显得微不足道了。毕竟，大多数公司也需要定期升级软件和硬件，即使在保持相同的 2D 工作流程时也是如此。此外，今天的计算机都是易于使用、成本效益高、功能惊人的工作站了。在计划这些升级时，兼顾向 BIM 转型，是可以在一定程度上降低初始成本的。

图 4-4　BIM 对小型公司的"冰山"效益。迭代设计是一个持续的工作流程，设计师可以很容易地回溯到早期的设计决策，并以最小的修改来优化设计。这是 BIM 最不明显但最有价值的地方

1. 重中之重：做出坚定的 BIM 转型的决心

虽然可能显得多此一举，但 BIM 转型的第一步是向 BIM 转型做出坚定的决心。这个决定不是随口而出的玩笑话，而是涉及所有相关人员的严肃问题，不论是架构还是实践，这是一个牵一发而动全身的决策：

（1）从概念设计到初步设计、施工图设计和施工阶段，BIM 将影响整个设计过程。设计师将有更大的可能性来发掘和操作建筑数据，以做出定量的设计决策。3D 可视化将渗透到整个设计过程，从早期的演示到客户，到内部设计会议，再到开发定制细

节。你的公司将创造更多的渲染和动画。你可能需要保证高质量的施工图。

（2）协作是关键。与 CAD 相比，设计文件是相互关联的，BIM 将改变设计团队一起工作的方式，以及如何与其他顾问和设计专业人员交换数据（图纸和模型）。

（3）费用会受到影响。如何建立和分配建筑设计费用可能会受到 BIM 工作流程的影响。BIM 的应用很可能增加在方案设计阶段的工作量，以提高施工图设计效率；方案设计、初步设计和施工图设计之间的界限将变得很模糊。

（4）岗位的变化。对于中型或较大的公司和项目，通常会有一个 BIM 经理，他负责安排和维护来自相关方 BIM 模型的协调，执行冲突检测等工作。这可能会成为一个全职岗位，也有人会把这些职责作为他们工作的一部分，或外包给第三方顾问。

（5）合同和责任的影响。如果 BIM 交付物成为项目的一部分，服务协议也会相应做出调整。比如在我们公司，一旦项目完成，绝大多数客户便对 BIM 数据不感兴趣了，所以我们很少将模型本身作为交付物。

相反，我们会提供和传统一致的施工图资料给客户，其中包括纸质和 PDF 格式。一些客户可能会在项目结束时要求 BIM 模型，其成本和责任影响是需要再商讨的。美国建筑师协会 E203—2013 和支持 G201—2013 和 G202—2013 协议是解决这些顾虑的开端。

因此，从负责人到实习建筑师，公司各个层面的人都必须遵循这个规则。

2. 基于公司需求来选择 BIM 软件

普遍情况下，大家会觉得每个公司应该采用的软件都是相同的。个别情况下，某个软件能攫取一定的市场份额，可能因为涉及合资企业，或与既定软件的公司紧密合作。对于大多数情况，即使是同一个软件开发团队，不同类型的软件也会使用不同的设计原理。此外，建筑师不应该修改某些模型，比如说结构工程师的 BIM 模型，就像机械工程师不应该修改建筑师的模型文件一样。最关键的是确保互用性：设计团队成员间共享相关项目信息的能力。由于版本间的变化，相同软件平台并不一定有互用性，而 IFC 可以确保互用性。IFC 是一个中立的、与平台无关的数据格式，允许所有符合 IFC 的设计软件导入和导出。像 Navisworks 或 Solibri 这样的 BIM 模型检查软件可以解读和比较来自不同团队成员的 IFC 文件，这对于冲突检测和工程量估算非常有帮助（图 4-5）。

图 4-5　图为在模型检查器中查看由 BIM 设计软件（上图）生成 IFC 文件（下图）

重要客户很少坚持项目交付物是某个专有文件格式。如果有，也是出于一种情感上的需求，而非信息上的需求。IFC 是项目交付的合适格式：所有相关的几何图形和数据都是可以共享的，建筑师（或其他设计团队成员）保留相关 BIM 源文件的著作权（图 4-6）。业主方不需要可编辑的 BIM 源文件，只需要可使用的文件，或者将来的设计团队可以在扩展和改造时参考的文件。例如，美国联邦政府的 GSA（政府服务机构）要求文件以 IFC 格式提交，大多数 BIM 设计软件都支持 IFC 格式。

图 4-6 对于百莎诺绿色社区竞赛，厄尔巴索（El Paso）房屋委员会（HACEP）要求提交 BIM，但没有规定文件格式或软件，而是让设计团队选择他们的软件。图片来自 Workshop8，杰西·拉米雷斯（Jesse Ramirez）

每家公司都应该充分考虑选择 BIM 软件的合理理由，因为这些选择会影响设计工作流程的质量。一家公司的负责人应该成为技术的洞悉者，如果 IT 技术不在他们的能力之内，他们应将其委派给有能力的职员。在考虑公司的特殊技术需求时，理应包括未来的潜在需求。一旦采用了特定的平台，改变就会随着时间的推移而变得困难，应考虑以下几点：

（1）软件的初始成本。这是最直接的考虑，不过从长远来看，意义或许比较有限。

（2）所有权成本。BIM 应用程序是否需要年度订阅，或者具有可选增值订阅计划的永久许可？一些 BIM 应用程序需要每年定期支付费用来继续使用软件。如果公司改变了软件，它的知识产权就可能失效了。

（3）硬件要求。这包括 BIM 应用程序是运行在 Macintosh 还是 Windows 平台上、是否需要升级，以及能否在公司当前的硬件平台上的部分或全部运行？

（4）培训成本。大多数公司在培训方面投资显然是不充足的。大多数公司觉得，年轻的建筑师应该已经在学校里学习了所有他们需要的软件工具。此外，有经验的建筑师都认为刚毕业的学生一旦毕业就必须获得大部分的建筑实践知识。可是技术知识为什么不能在工作中获得呢？

调查相似情况的公司、相似的项目或者相似的工作。询问他们在使用哪些 BIM 应用程序，以及他们从使用中学到了什么。

（1）这个项目的优点和缺点是什么？它在哪些方面做得很好？差距在哪里？如果这些缺陷对公司的目标不是至关重要的，它们可能就不那么值得考虑了。

（2）在采用 BIM 的过程中，其他公司会有什么不同的做法？他们是从某个项目开始轻松进入 BIM，还是全力以赴？他们是否花了足够的时间进行培训，还是临时学习？他们的硬件能胜任这项任务吗？

（3）他们实施 BIM 的成功之处是什么？他们的第一个 BIM 项目盈利了吗？团队中的每个人都能跟上进度吗？和顾问共享文件是什么感觉？BIM 对设计结果有积极影响吗？

（4）模型、图纸和报告是由软件生成给客户的吗？如果客户重视的是具有表达性和交流性的图纸，取决于线条粗细控制，渲染选项从点画到渐变再到可变不透明度，那么要求用户具有一定操作能力才能获得漂亮的图纸的 BIM 恐怕不是最好的选择（图 4-7）。

（5）是否有一个本地用户社区可以支持新用户，又有多少成员愿意分享知识？是否有本地用户组？用户的在线社区是什么样的？在线用户有用吗？有多少在线内容可用？

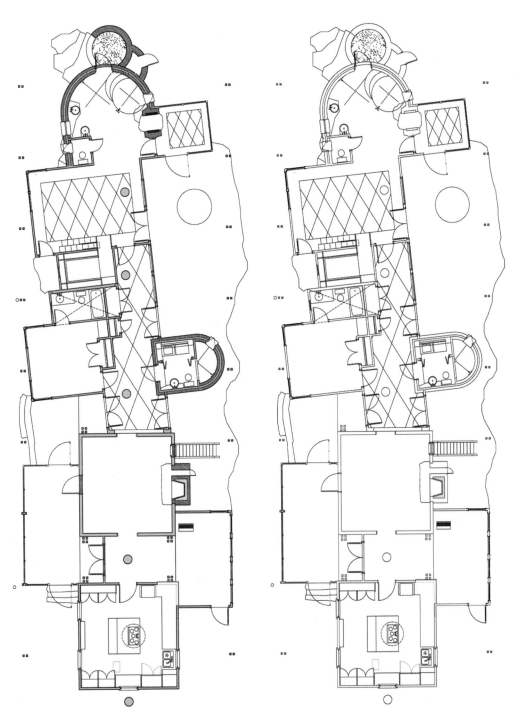

图 4-7 图为相同的项目模型在两种平面视图中的表现力。下图是不考虑总线宽或视觉传达，上图是考虑线宽和图形属性

3. 便于管理地拓展开来

（1）一旦公司获得了 BIM 技术（包括硬件和初始培训，正式或其他方式），就有各种各样的策略来帮助确保成功地实施 BIM，在特定的环境下，部分或全部适合于实践。

（2）避免"徒有其表"。一旦实施 BIM 就要贯彻到底，如果不使用 BIM，在技术和初始培训上的投资就一去不返了。公司应该致力于使用 BIM 来完成下一个项目。

（3）尝试一个项目。对于一个小型公司来说，将整个现有的框架和项目立即向 BIM 转型是意义不大的。在不影响收入或现有工作流程的前提下，选择一个适当的新项目来提升技术实力，不失为一个的稳妥方法。

（4）考虑一个适当和渐进的转变。对于第一个项目，对 BIM 进行局部应用也是有意义的，最初将其限制在平面图、建筑立面图和建筑剖面图上。还有一种方法，是将 BIM 限制在原始方案设计和开发过程中。一旦设计建立，2D 绘图视图可以导出并在 CAD 中完成。在后一种方法中会有整体效率的损失，因为从模型导出完整构造集的优点将不会完全实现，在耗费劳力的设计阶段使用熟悉的 CAD 完成项目的益处可以抵消这些损失。也许，实践者在设计最初阶段积累的熟练操作会完成整个 BIM。

（5）从小体量的项目开始。如果选一个体量较小的新项目，公司可能会将其作为 BIM 的"实验田"，BIM 过程的所有应用都将作为一个实验台。另一方面，有较大费用的项目可以更好地缓解初始支出曲线。

（6）从熟悉的项目类型开始。一个得心应手的项目类型可能更容易向 BIM 转型，因为 BIM 之外的建筑问题会使学习过程变得复杂。再者说，一个熟悉的项目总比全新的要容易上手。如果你的公司做了很多住宅项目，大型商业项目可能不是最好的选择。

（7）利用 BIM 进行设计。人们很容易被 BIM 的生产和文档输出效率所吸引，而忽略了本书的主要论点。BIM 是一个强大的设计环境，可以利用定量信息做出更好的设计决策。从第一个 BIM 项目开始，寻找机会挖掘 BIM 文件中的定量信息，并使用这些信息来指导设计。从平淡无奇的操作开始也是不错的选择，比如编辑工程量报告，或者粗略地估算成本等，也是具有潜在的重大设计影响的基本信息操作。

随着信心、技能和经验的积累，公司便可以完全实现 BIM 转型。一般来说，建议从少数的项目着手，但针对这几个项目尽可能全面运行 BIM（图 4-8）。

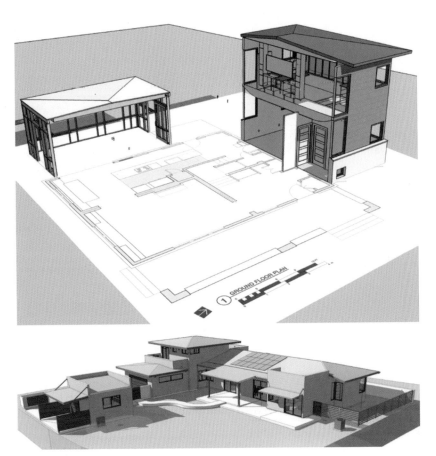

图 4-8　以便于管理的方式启动 BIM，并实现全面扩展，比如从一个简单的项目（上图）到一个复杂的项目（下图）

4. 基于已有的知识和技能

因为 BIM 是从 CAD 演变而来的，所以许多 CAD 技能都可以转化为 BIM。BIM和 CAD 之间最大的区别是范式问题，而不是任务问题。BIM 范式与 CAD 的区别比它们各自的技能要求更明显。此外，从某种意义上说，2D 图纸也是一种模型，尽管是一种比较有限的模型，但它也为 BIM 提供了素材。也就是说，在构建信息模型时，一定程度的抽象既是必需的也是可取的，就像在 CAD 图纸中一样。

此外，BIM 仍然需要一定程度的"草图"，即使是为了注释视图和开发细节。因此，向 BIM 转型并不意味着完全放弃 CAD 技能（图 4-9）。随着完全转型到 BIM 工作流，也可能需要访问遗留文件，如详图和旧项目以供参考。

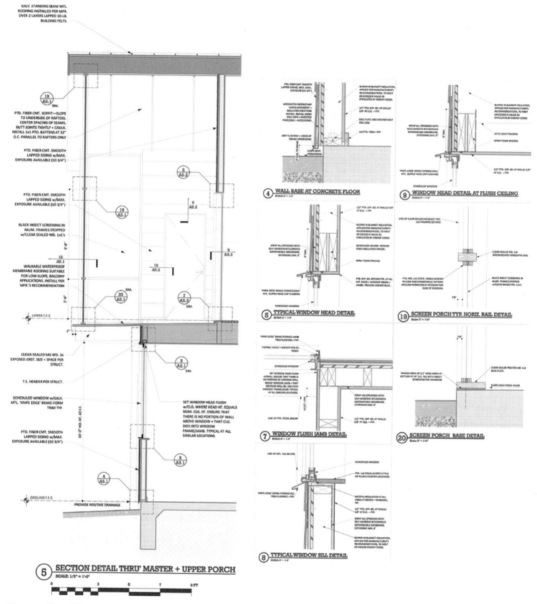

图 4-9　为了增加可读性或细节，BIM 可以对绘图集的某些部分进行注释或渲染。例如门窗这种 BIM 模型元素是高度简化的，顶部、门柱和门槛等细节是没有被具体表现的。图例为单一 BIM 与混合 BIM/CAD 的细节比较

也就是说，不要贬低 BIM 工作流程。就像之前的建议，仅在早期设计阶段考虑 BIM 转型，避免将 BIM 仅仅作为一种草图模型而忽略建筑信息模型的功能，转而使用 CAD 作为施工文件。我所知道的一些公司，可能会在 SketchUp 中开发概念模型，然后使用像 Vectorworks 这样具有 CAD 功能的 BIM 应用程序来制作 2D 施工文档（这尤其意外，因为 Vectorworks 是一个完全可以进行草图建模和完整的 BIM 创作程序）。或者用 SketchUp 进行方案设计，用 Revit 进行初步设计，再用 AutoCAD 进行施工图设计。每次设计从一个应用程序转换到另一个应用程序时，会发生两件事：

（1）数据丢失。这并不意味着模型中出现了漏洞，只是一些元素不可避免没有得到最佳转化，需要在新软件中"重建"。例如，一个在 SketchUp 中建模的钢柱在 ArchiCAD 中只是个几何体。几何形状可能是正确的，但它不是一个参数化构件。换句话说，它在 BIM 中没有"I"，仅仅是一个几何体。

（2）痛苦的重复设计。在我所从事的项目中，很少会出现早期设计（无论多么小）在设计后期没有被重审或更改的情况。设计实际上并不是一个线性过程。当 3D 方案设计和 2D 施工文件使用不同的软件应用程序时，往往只在 2D 中进行后期设计修订，而避免在 3D 中进行建模。经过几个月的设计后会引发很多重要的设计变动，以至于示意图模型已经完全推翻，所以对它进行大量的修改是必需的。因此，将"设计"（3D 建模）与"文档"（2D 构造文档）软件分离开来，可以有效地创建一个软件工作流，它看起来更像图 4-1 所示的手工绘图和纸板建模。如果在使用 BIM 过程中不包含使用 BIM 工作流，那么它就不是真正意义上的 BIM（图 4-10）。

5. 避免退步（将不适视为舒服）

我可以相当肯定地预测，在 BIM 转型的过程中，你会有一万个回到 CAD 的冲动：

（1）最后期限。面对迫在眉睫的截止日期，放弃 BIM 而使用 2D 制图似乎是一条捷径。这也是逃避培训的借口："我们工作忙到飞起，没有时间接受培训。"事实上，这是一种错误的观点。你可能会在截止日期前完成任务，但代价是破坏 BIM 进程，从而贻误全局。

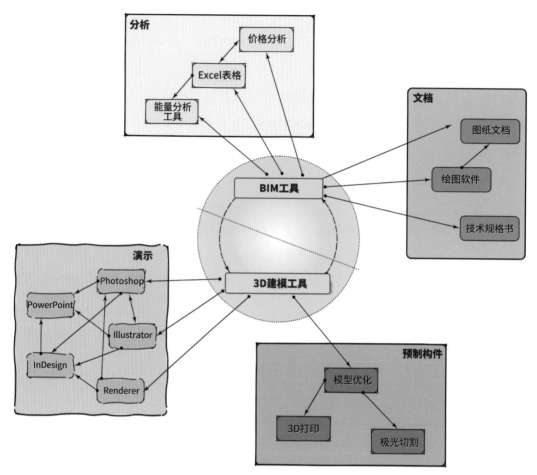

图 4-10　图为妨碍迭代设计的因素。如果 BIM 的信息功能被忽视，只将它视为一个"草图建模者"，那么每一次将数据转换到另一个应用程序都有重做设计的可能。插图来自 Vectorworks 的演示图形

（2）挫败感。我已经以不同的形式使用 BIM 将近 20 年了。作为一家小公司的负责人，我几乎是天天使用。如果我说在技术方面没有偶尔的挫折，那是不可能的。此外，作为 BIM 权威人士，同事和专业伙伴经常向我寻求技术支持（有一天我在《乱世佳人》放映间隙收到请求帮助的短信，还有一次我在跑步时提供了技术支持）。基于这些经验，我可以负责地推断，大多数的挫败感是源于对软件的误解。换句话说，这是培训没做到位，有时也因为对软件怀有不切实际的期望。坦率地说，不切实际的期望还是源于对软件能做什么和不能做什么的无知——换句话说，依旧是缺乏培训。软

件有 bug 是非常偶然的情况。为你的 BIM 社区做点贡献：如果你发现了一个 bug，请把它反馈给软件开发人员。

（3）阻力。尽管有了"做出坚定的承诺"的阐明，但仍会有员工反对 BIM，让你无计可施。只有重新分配给他们与 BIM 无关的任务（规范编写、施工管理、客户联系、选择等）。但这对于大多公司来说是不现实的。或者，你只有努力说服他们加入 BIM。注意，他们必须发自内心地转变对 BIM 的态度。强迫显然不是长久之计。下下策就是让他们离开。请参见下面内容"选择态度还是选择技能"。

（4）损失技能。有时候，拥有关键 BIM 技能的员工会离开公司。这会让你再次放弃或搁置 BIM 工作流。还是那句话，BIM 转型需要整个公司的文化转变（做出坚定的承诺），培训所有人。不要让任何人成为不可或缺的人，这不是削弱某个员工的 BIM 技能，而是致力于将整个团队建设成 BIM 玩家（图 4-11）。

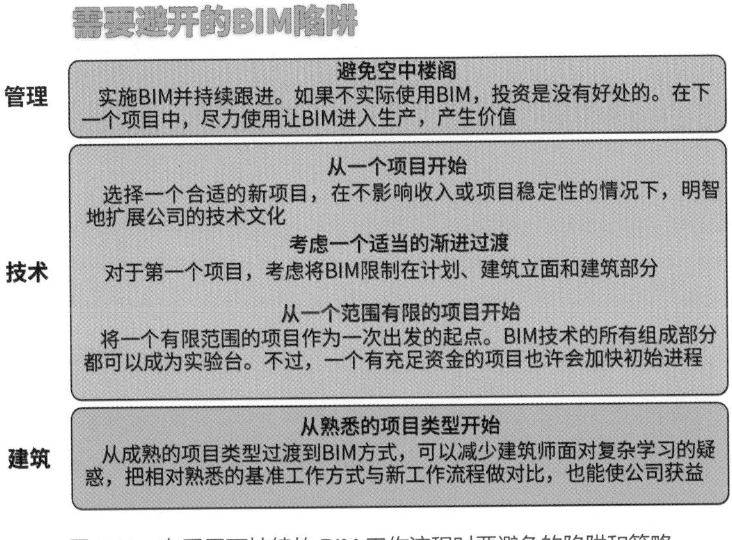

需要避开的BIM陷阱

管理	**避免空中楼阁** 实施BIM并持续跟进。如果不实际使用BIM，投资是没有好处的。在下一个项目中，尽力使用让BIM进入生产，产生价值
技术	**从一个项目开始** 选择一个合适的新项目，在不影响收入或项目稳定性的情况下，明智地扩展公司的技术文化 **考虑一个适当的渐进过渡** 对于第一个项目，考虑将BIM限制在计划、建筑立面和建筑部分 **从一个范围有限的项目开始** 将一个有限范围的项目作为一次出发的起点。BIM技术的所有组成部分都可以成为实验台。不过，一个有充足资金的项目也许会加快初始进程
建筑	**从熟悉的项目类型开始** 从成熟的项目类型过渡到BIM方式，可以减少建筑师面对复杂学习的疑惑，把相对熟悉的基准工作方式与新工作流程做对比，也能使公司获益

图 4-11　在采用可持续的 BIM 工作流程时要避免的陷阱和策略

几年前，我被委托为得克萨斯大学附近的奥斯汀市一栋历史悠久的住宅做一个简单的厨房改造和扩建——一楼是一间小卧室和浴室，上面是主浴室。出于对 CAD 的怀旧，我决定完全用 2D 制作这个项目。然而当项目进入初步设计阶段时让我非常痛苦。计划中的每一个小变化都必须让我通过图集的所有图纸手动追踪。其实这是 CAD 的一个完全正常的过程，但尝过 BIM 的"甜头"之后，这个一度正常的过程让我极其恼火。我不得不在设计中期停下来，另花时间对已有的设计进行建模，从而回到 BIM。此后的初步设计和 CDs 便顺风顺水起来。我甚至可以更自由地设计木制品和嵌入式家具，并在 CDs 中融入长凳、厨房台并且研究鸟瞰图。有个小插曲，计划审查部门坚持让我提交阁楼中 5 英尺（1.5 米）到 7 英尺（2.1 米）高的部分，考虑到屋顶几何形状的复杂性（一个几乎是金字塔形的屋顶，在每个基本方向上有一个略微不同的天窗），我能够剖开 BIM 模型并快速提供所需的文档（图 4-12）。BIM 使我更容易、更快捷、更愉悦地工作，使我成功脱离"苦海"。

回归到熟悉的事物是很自然的。请不要放弃，向前走，一直走到灯火通明。

6. 根据 BIM 流程调整合同

根据我们公司的经验，对于同等的设计和文档工作，使用 BIM 比 CAD 能节省 30% 的时间。这是一个很难精确的数字，原因有很多：每个项目都是不同的，而且我们已经好几年没有使用 CAD 来处理细节了，所以我们用于比较的基线也过时了，但是 BIM 的效率提高 30% 应该是正确的。所以我们每个项目都有增值空间。我们能做的有：

（1）降低费用。对于预算紧张的客户，我们可以提供一个非常划算的"CAD 标准"的服务。我要强调的是，这种降低代表着我们建筑服务的"新常态"。

（2）提供更广泛的服务。我们可以在建筑项目各个阶段花费比传统项目更多的时间。例如，我们可以将 15% 的费用用于施工管理（CA）而非敷衍了事，我们可以紧密参与挑选和施工管理，将施工管理费用重新分配到总费用的 30% 左右。

（3）提供更优质的服务。我们可以在任何阶段进行更深入的设计。例如，我们的方案设计成果可能比常规情况下要多，或者我们的设计图可能包含在施工图设计中可能出现的成果。自然而然地我们会尽可能利用 BIM 的设计机会，从可持续设计延伸到更高级的可视化设计。

在实践中，上述三种方法之间的区别变得很模糊。拥有了 BIM 可以将费用比原先降低一些，以更具竞争力，在此基础上扩大所提供的服务的数量和质量。关键是要跟

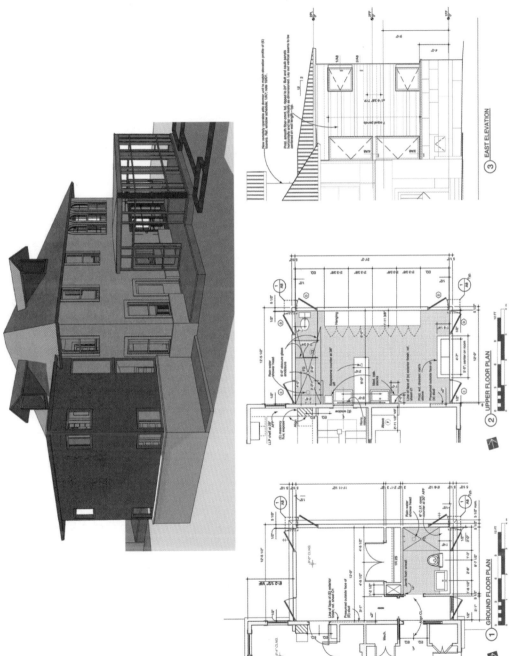

图 4-12 一个把我吸引住的 "老套" 2D 小项目。尽管只是在一个 600 平方英尺（55.7 平方米）的面积上新增几个房间，不存在交叉专业的协作问题，但用 BIM 工作流让其更高效和便捷

踪员工们如何规划时间，然后在费用和服务范围中做出相应的调整（图 4-13）。

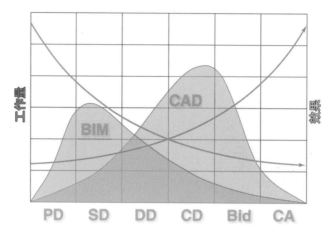

图 4-13　HOK 的帕特里克·麦克利米（Patrick MacLeamy）提出的麦克利米曲线，这是设计过程中固有的"左移"现象的表现之一，这需要在设计过程的早期进行额外的工作。麦克利米曲线的原始图表旨在表示与 IPD（集成项目交付）相关的工作分布，但它同样适用于非 IPD BIM

7. 培训和工作流程

正如本书中所明示的，最理想的 BIM 是一种设计的新方法，一种设计过程中的范式转变，即认知和程序上的转变。在三个主要领域中，BIM 与大多数传统的设计流程是截然不同的：从数字模型中实时输出 2D 图纸；可查询数据库支持的信息丰富的 3D 构件，同时具备互用性。工作流是一个描述范式转换的特定术语。另一方面，培训仅仅是对特定任务的学习。这两者都是成功实施 BIM 的必要条件。在不改变设计流程的情况下执行 BIM 任务，就如同在没有地图的情况下进行公路旅行；尝试一个新的工作流程而脱离实践的训练，就如同在没有汽车的情况下进行公路旅行。

长期以来，建筑师需要在研读和创建 2D 抽象投影的基础上，接受结合头脑想象 3D 空间的训练，并且拥抱 3D 工作流程。我们已经讨论了一些惰性和原因。其实，设计方法并不像人们想象的那样陌生。中世纪的建筑师（泥瓦匠和木匠大师）建造了大教堂的比例模型，这一传统是自神秘但才华横溢的安东尼·高迪（Antoni Gaudi）演化而来的（图 4-14）。当然，学院派对石膏模型也并不陌生。

图 4-14　悬挂在圣家博物馆的安东尼·高迪（Antoni Gaudi）重量模型之一。这位加泰罗尼亚建筑师以使用悬在长链上的重物来创造响应重力荷载的悬链线曲线而闻名。高迪有这样的见解：受载的悬链线的形状将水平对称到一个受载的拱；并通过测量负载链和翻转派生形式倒置，从而建立复杂的链拱和拱顶，并承受重力荷载。从实际意义上说，这次模拟设计是参数化建模和 BIM 的模拟先驱。
图片 ©2009 Canaan / Wikimedia Commons，并获得知识共享署名份额许可证（Creative Commons Attribution-Share Alike 4.0 International）

　　正如已经强调过的那样，单独的 3D 建模并不是 BIM 工作流的组成部分。在本书中，特别是在接下来的两章中，我们分析了一些案例，强调了 BIM 中"I"（信息）的关键性。数据在 BIM 设计过程中发挥着重要作用，包括基于形体的分区合规、场地分析、被动式能耗设计（从遮阳和热围护结构性能到被动式冷却和加热）、结构分析、行业和部门之间的协调、成本分析和价值工程以及制造等。

　　最后，数据丰富的建筑模型具有良好的互用性和集成性，因此不同的专业有助于形成由建筑、结构、土木、MEP（机械、电气和管道）和照明系统组成的中心模型

（图 4-15）。这样的组合模型需要团队成员之间的变革性的交流，不仅只在技术层面（如 IFC 的互用性和不断拓展的文件格式）上，更要在社交层面上。建筑和工程逐渐成为一个进行团队协作的有机组合。

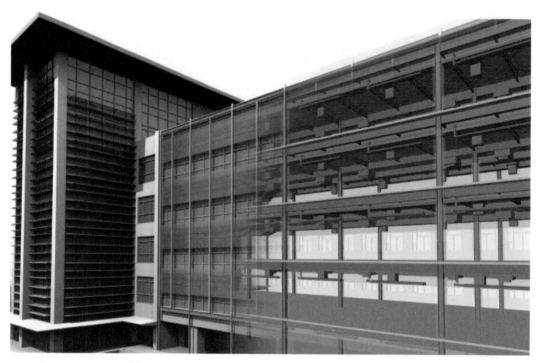

图 4-15　BIM 的中心模型集成了建筑、结构和 MEP（机械、电气和管道）系统。各个模型已经在各自的 BIM 设计平台中创建，然后通过 IFC 格式进行集成，并通过 Solibri 或 Navisworks 等 BIM 模型检查器进行查看、检查和调查。图片由 Vectorworks 公司提供

为培训投资。如果没有扎实的基础，在面对有些普通但需要充分应用 BIM 设计软件的任务时，对 BIM 的理解就会仅限于学术层面。培训绝对是至关重要的，特别是针对数据丰富的建筑模型的内在复杂性。许多小公司在培训上特别吝啬，因此他们的生产力远远低于他们本可以达到的水平，失去了在设计和生产中充分利用 BIM 的机会。从短期来看，培训也是有回报的。如果没有培训，公司已有软件中的强大功能可能会被忽视。我遇到无数个对软件的一些"新"功能印象深刻的建筑师同事，而我会告诉他们这已经存在很久了——只不过他们从来没有意识到而已。

我们必须承认，培训是一项非同小可的投资。正式的课堂培训或个人辅导本身就很"烧钱"，而且需要补偿员工参加培训的时间成本；如果当地没有培训，可能会产生差旅费。此外，花在培训上的时间与计费工作的时间是不同的，因此存在有意义的机会成本。对于那些没有财力派遣员工参加专门培训课程的公司来说，许多 BIM 软件应用程序有零零散散的免费资源（图 4-16）。一些有用且具有成本效益的培训战略包括：

（1）免费的网络资源。软件开发者的网站上可以搜索到免费的培训资源，或者由某些用户发布的培训指南和 YouTube 频道，其中有很多视频技巧和教程。优点是无数的视频和简短的教程可以利用学习，缺点是这些资源往往不成体系，你可能不得不花费很多的时间来寻找合适的材料。非正式培训的问题在于，它可能相当漫无目的且具有偶然性。无论是在教室里、现场还是在线上，通过在线视频进行自我培训与参加培训课程是不同的。这种自我训练有点像阅读一本书，每次只读一页。你可能最终会阅读并理解书中的所有单词，但你会对故事的叙述感到困惑，并且很多时候会错过文脉。

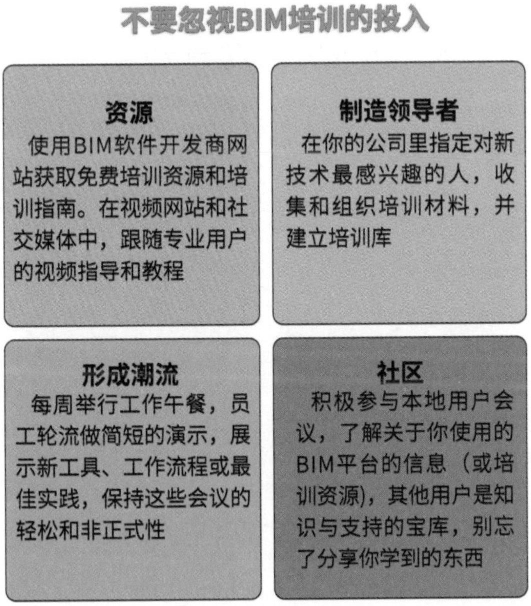

不要忽视BIM培训的投入

资源	制造领导者
使用BIM软件开发商网站获取免费培训资源和培训指南。在视频网站和社交媒体中，跟随专业用户的视频指导和教程	在你的公司里指定对新技术最感兴趣的人，收集和组织培训材料，并建立培训库
形成潮流	**社区**
每周举行工作午餐，员工轮流做简短的演示，展示新工具、工作流程或最佳实践，保持这些会议的轻松和非正式性	积极参与本地用户会议，了解关于你使用的BIM平台的信息（或培训资源），其他用户是知识与支持的宝库，别忘了分享你学到的东西

图 4-16 除了线下培训机会外，还有许多形式的培训资源。当然，线下课堂还是最有效的

（2）培训专员。指派最具技术才能和兴趣的团队成员收集和组织培训材料，建立培训资源馆。这可能是最优逻辑的互联网资源的集合，但这个组织必须定期更新并验证旧的资源。

（3）买一本书，并好好利用它。任何有价值的 BIM 设计平台都有一个在线用户手册，其中解释了使用软件的每一个工具和命令。但用户手册可能有点像普罗科菲耶夫（Prokofiev）的《彼得与狼》（Peter and the wolf）的介绍：每一种乐器代表一个单独的角色。只有当所有的音乐家都在一起演奏时，人们才能理解"管弦乐队"。同样，大多数用户手册的设计并不是为了提供各种 BIM 工具如何协同工作的完整背景。为此，去找一份培训手册，有目的地围绕课程设计，把握工具如何协同工作。当下的视频手册已经很流行，通常附带示例文件。最好在平板计算机或设备上观看视频手册，同时在计算机上使用 BIM 软件。其他用户可以用老式的线装书更好地学习。无论哪种方式，培训书籍是一种具有逻辑性、综合性、结构化的 BIM 软件学习方法。

（4）每周举办办公室工作餐。鼓励员工轮流做简短的演示，展示新的工具、工作流程或最佳实践。保持这种学习课程轻松、非正式和简短（最多 1 小时）。

（5）参加某些 BIM 设计平台的用户小组会议（如果没有，可以组建一个）。其他用户是免费知识和支持的宝库。不要忽视分享自己公司学到的东西，一旦你的公司建立了强大的技能基础平台，就要坚持下去，并把你的知识传递下去。

（6）注册在线课程。在线课程也越来越受欢迎，无论是由 BIM 软件开发者，专业网站如 ArchonCad.com 或一般网站如 Lynda.com，还是一些大学，他们都提供专业培训场合。虽然在实体教室里更有效，但在线培训比较便宜，而且更灵活。请记住，培训意味着面向任务的学习，可能不会完全解决 BIM 对设计过程的影响。除了培训，成功实现 BIM 转型的公司可能还会重组他们的设计过程，甚至包括他们如何进行项目交付。

（7）培训的影响。公司越小，每个人通常承担的角色就越多，因此，每个人扮演的角色就越重要。对于一个只有少数员工的公司来说，一个员工的流失意味着生产力和账单的巨大损失。因此，小公司面临的最大的 BIM 挑战之一是，由于员工接受培训而暂时减少产量，以及新培训的员工需要时间来"跟上进度"。最终，一个良好的 BIM 工作流应该会产生显著的效率并大幅度提高生产力，甚至允许公司提供附加服务。但在短期内，生产率似乎会下降。另一方面，公司越大，其"技术惯性"就越大。毕竟，改变一小部分人的软件使用习惯要比改变几十个人的习惯容易得多。

然而，在大多数情况下，BIM 要求用户更好地理解建筑构件及其与项目的关系。因此，资深设计师必须密切地指导初级设计师，那些盲目依赖于绘图细节的工作流也将需要重新评估。另一方面，拥有更强的建筑专业知识的小团队可以非常高效地利用 BIM。此外，当工作量很大时，把它暂置一边而腾出时间进行培训是不可能的，更不用说从 CAD 向 BIM 转型到全新工作流了。另一方面，当工作逐渐减少时，为培训编列预算又变得很困难。除此之外，有些人可能不愿意学习另一种软件应用程序，这就是为什么许多公司把培训放在次要位置的原因。然而，培训是一项必不可少且周期性的要求，如果企业一味地忽视或推迟，日后必将承担风险。

共享。BIM 工作流的一个重要特征是与他人共享数据（图纸和模型）的转换。这里有几点需要考虑：

（1）将 LOD 融入 BIM 文化中。参见第二章。

（2）管理 BIM。在公司内部和顾问之间，就谁负责模型的哪个方面达成一致，共享模型的进度表，以及建立冲突检测规划表达成一致都是很重要的。同样，上述美国建筑师协会相关资料和协议可能非常有用。即使你没有将这些文档作为合同的一部分，也可以将它们作为一种工具来帮助你找出潜在的问题，并在此基础上创建 BIM 管理策略。

（3）测试。在开始项目之前，与顾问交换示例文件。你可能会使用 IFC 文件与团队之外的从业者交换 BIM 模型。当 IFC 文件被发送时，一并发送 PDF 和 DWG 以进行确证和验证（图 4-17）。

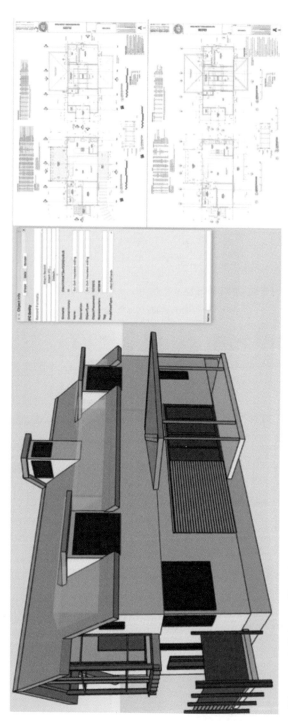

图 4-17　当共享 BIM 模型时至少包含 PDF（右上图），如果不是像 DWG 文件（右下图）这样的 2D 矢量图，则附加 IFC 模型（左上图）

8. 选择态度还是选择技能

员工和雇主都认为，员工拥有 BIM 技能是重要的，这貌似是被雇用的先决条件。虽然建筑从业者必须能够获得和拓展与 BIM 相关的技能，但基于某个任务的技能而雇用某人可能是一个错误。所有的 BIM 设计软件都在相同的原理下运行，只是这些原理的实现方式和个性化功能集有细微差别而已。我发现，一个具备积极的态度、求知欲和开放心态的人比具有特定软件应用能力的人更容易成为事半功倍的同事。毕竟，摒弃消极的态度比学习新工具要困难得多。

第五章

最佳案例分析

本章探讨了一系列案例——有细节解析，也有笼统概括。这些案例突出了在协调各类设计中产生的冲突问题的作用，以及 BIM 在制定设计解决方案中的作用。重中之重是如何用 BIM 软件来实现建模和仿真。

引言

建筑学通常对建筑的几何形状和物理形式，以及其他的设计元素有很执着的关注，通常被称为"正规"路径。对于许多设计师（包括我自己），设计出令人满意的造型是一种基本驱动力。当然，构成"满意"的因素可能源于品味、文化期望、职业规范，甚至仅仅出于时尚。由于灌输了太多的自由支配，现在对于建筑造型的关注往往超越了设计本身，甚至导致某些放大个人色彩且夸张的解决方案，将纯粹的造型优先于解决设计制约，如程序、客户期望、建筑技术的适当应用、成本、建筑性能、耐久性等。换言之，设计忽略了维特鲁威提出的坚固和实用，而过分强调美观。

设计，既是名词，也是动词。设计就是解决问题，而不仅仅是解决一个变量。一个简单的设计问题通常有一个或多个的解决方案。简单来说，"设计"是基于个人喜好或倾向选择解决方案。设计是一个有深度的考量过程，它必须解决复杂或隐性的问题。一种观点认为，设计是调和矛盾。当一个设计问题只有一个制约条件，或者当所有制约条件相互一致时，设计解决方案就不言自明了。因此，单个制约仅仅是一个处方。当多个制约相互竞争、相互矛盾、相互冲突时，就会出现创新点。没有矛盾，就没有故事。没有相互冲突的制约，也就没有设计。没有逆境，也就没有胜利。

设计的本质产生了三个结果。首先，深入透彻地理解既定设计问题的个体制约是每个设计师义不容辞的责任。其次，设计师必须发现产生制约的区域，因为克服这些制约的机会就体现在相互矛盾的制约区域中。读者可能有所质疑，信息丰富的数字建模是否是调查研究的有力工具呢？第三，在解决这些制约因素的过程中会出现意想不到的可能性。作为一名设计师，我总在埋头苦干的时候出现意料之外的解决方案，而我刚开始工作时并没有意识到这一点。有时候这些解决方案貌似来自外界，其实它们一直存在于我的潜意识。我怀疑，这些令人惊喜的解决方案是源于对设计问题制约因素的理解，而不是预制的形式概念。换句话说，问题本身的矛盾往往蕴含着解决方案，而非强加于问题的解决方案。

案例研究

1. 案例研究：容积率自动化应用

对于大多数美国司法管辖区，政府对日益扩大的独户住宅做出了回应，制定了相关的形式规范，旨在控制麦式豪宅的膨胀。这些法令的范围和实施方式各不相同，但它们的共通点在于，为建筑问题寻求程式化和法律性的解决方案。当一个个貌似孤立的问题引起市议会的注意时，一个相互矛盾、互不相干的法规大杂烩就会伴随时间的推移而出现：不同分区的毗邻兼容标准、收进线、太阳能权利、绿化保护、不透水覆盖限制、容积率限制，当然还有反麦式化。

也许这些法规是有意义的，但为了保持邻里特色和兼容的规模，有时会产生意想不到的后果。比如，不断叠加的分区限制使得令人向往的中心老城区的地块变得不那么容易开发了，土地开发成本的剧增使该区域的经济适用房受到影响。与此同时，住宅建筑商和买家纷纷迁往郊区和远郊，以摆脱土地使用限制，继而催化了城市扩张。

其实这对设计专业人士来说是个好消息。在美国一些城市，如果没有建筑师，那是不可能在这样的社区建造住宅的。因为越来越多的法规的增加常常让一个普通的外行摸不着头脑，如果不付出相当大的努力，是不可能解决这些问题的。当然，建筑师也好不到哪里去，他们必须在设计过程中尽快确定可建造体量，否则这个项目可能被终止。是时候请 BIM 开始表演了！

举个例子，在得克萨斯州奥斯汀土地开发法典（2006 年生效）F 分章的 2008 年修订版中，这个所谓的 McMansion 条例制约的是在一个 67 平方英里（174 平方千米）的中央区域内的一户和两户住宅，大致符合 20 世纪 70 年代早期奥斯汀的范围。包含以下几方面：

（1）容积率上限为 0.4。一般来说，一个住宅项目的开发面积不能超过该地段的规划面积的 40%。对于门廊、车库、仓库等区域（有限制）高度低于 5 英尺（1.5 米）、至少具有 50% 的地下空间；以及高度不超过 7 英尺（2.1 米）、超过其面积 50%、至少 5 英尺（1.5 米）高的阁楼，都是豁免的。

（2）基于形体的帐篷形边界。除了山墙、斜屋顶和偶然的投影外，建筑物的任何部分都不能超出设想中的"帐篷"。这个体量的边界是通过将地块划分为 40 英尺（12.2 米）来确定的，从房子靠近街道的部分开始，从街道一直延伸到地块的后面。这个"帐篷"的侧面是高度为 15 英尺（4.6 米）的垂直面，以 45° 的角度倾斜，远离侧面基地线。垂直部分的起始标高取自四个点中的最高点，在这里平行于街道的 40 英尺（12.2 米）区域的两个边界与两侧地块线相交。帐篷的后部也类似地从后方的空地线向上倾斜，帐篷的临街面是垂直的山形墙。显然，该描述假定为矩形区域，如果场地是不规则的（比如三角形），后方地段线可能容易混淆。

（3）整体高度。住宅的高度上限为 32 英尺（9.8 米），测量从最高和最低的相邻自然坡度的平均值，到山墙或棚屋的屋顶中点，或到平屋顶的女儿墙顶部。

以上是一个简洁的解释，但它强调了使用数据丰富的模型精准锁定设计边界的可能性。

（1）容积率计算的自动化，随着设计的发展一直在演变，这是一项平凡但重要的设计任务，BIM 与其完美契合。不同的占用面积（有条件限制的空间、门廊、仓库、车库等）可以构成一个总建筑面积计划或工具，并与占地面积进行比较，设计者可以在设计过程中随时随地验证容积率。

（2）从图 5-1 可以明显看出，"帐篷"可以在平坦和形状规则的地段上很快地绘制成 2D，但不规则的边界和不平坦的地形不得不用 3D 建模。在确定帐篷区域的起始高程以及相邻的平均坡度时，一个具有高程感知的"标桩"点的数字站点模型是非常宝贵的。帐篷本身可以通过重新利用 BIM 的屋顶工具轻松建模，比如40英尺（12.2米）长的虚拟开放式山墙，结构深度为0或接近0。

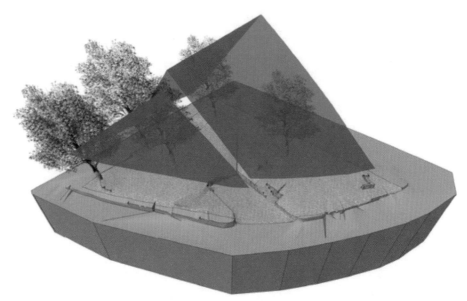

图 5-1　在某些情况下，即便在初步设计阶段，也需要一个智能的（即数据丰富的）数字模型来确定基于表单的代码条件。这里是得克萨斯州奥斯汀市的一个中心城市地段，这里有非典型的地形和边界。如果没有数字建模，麦式豪宅的"帐篷"边界（红色）是无法确定的

2. 案例研究：双悬臂车库

即使是单户独立的项目，也可以最大化表达结构。这是针对一栋1750平方英尺（163平方米）且受种种条件制约的三居室住宅项目。建筑的收进线、相邻的遗产绿植和受保护的树根区域等因素限制了建筑的占地面积。该项目的车库不是一个专用的顶棚结构，而是前门廊屋顶的向北延伸，继而过渡成为东南面延伸区域纱窗阳台的平屋顶（图 5-2）。理想情况下，"车库"可以实现其既定的遮蔽汽车的功能，也可以作为一个有顶盖的户外空间，以供聚会或休闲。因此，它既遵循了基本功能，也附加了前廊结构上的延伸价值。

图 5-2　这个位于得克萨斯州奥斯汀市中东部的普通独栋住宅采用了低坡屋顶，不对称的斜屋顶覆盖了纱窗阳台、入口门廊和车库

然而，车库的功能被建筑退线所限制。根据当地法规，屋顶的范围为 2 英尺（0.6 米）到 5 英尺（1.5 米）。从结构上讲，车库东北角需要一个立柱支撑，但这对已然狭小空间雪上加霜，停车的时候一不小心便会引发事故。此外，多功能门廊屋顶是主屋顶的陪衬，然而其坚固的水平线条却过于喧宾夺主。所以，一个低倾斜的后廊屋顶可以解决这些分立的建筑模块、规划以及结构问题。

屋顶的低坡度为建筑姿态赋予了完整性和连贯性，三面翘板结构的每个面都有特殊的坡度，这样屋顶的楣板和与房子外墙的交叉部分都是水平的。该屋顶是基于智能 BIM 构件建模，包含了如板高、屋顶面坡度、屋檐轮廓和悬挑以及外观等一系列参数信息。

BIM 为屋顶的体积建立了界限，在这个边界内可以解决屋顶的东北悬臂结构方案。该模型源于结构工程师米歇尔·韦恩菲尔德（Michelle Weinfeld），她设计了一个双悬臂，并确定了梁的尺寸。

初步的结构模型被及时传递给设计师，其使用参数框架对象细化了屋顶的框架，并得到工程师的认可。最终的框架模型与建筑屋顶进行了多番对比，以确保其包围在屋顶边界内（图5-3）。

图 5-3　屋顶结构模型的成果。该模型是与结构工程师（也是 BIM 用户）密切合作设计的结果，与建筑模型进行了可视化对比，以检查结构是否位于屋顶面板和拱腹的建筑界限内

3. 案例研究：希望之家项目

奥斯汀希望之家是一个非营利性组织，他们提供一系列生活设施，旨在为精神或身体具有缺陷的人提供"永久的家"，以帮助他们快乐、自由地发挥自身的潜力。它建造最初是为了照顾有需要的儿童，随着帮助对象们长大成人，该项目的居住需求已经超过了中心设施。因此，该组织最近采取了一项措施，在离得克萨斯州奥斯汀市 30

英里（4828 米）的自由山社区内建立卫星家庭，已成年的救助对象可以在那里生活，并配备 24 小时护理。利维·科尔哈斯（Lévy Kohlhaas）建筑事务所受希望之家的邀请，设计一个能容纳 8 个人、每单元 4 间卧室的复式住宅（图 5-4）。

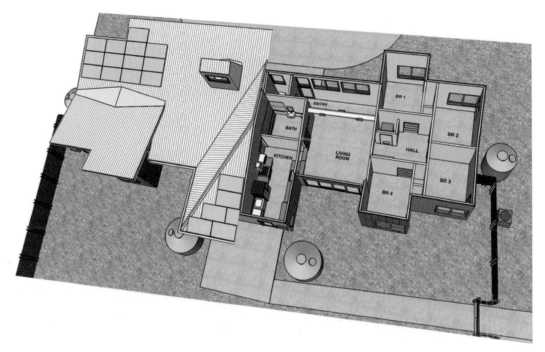

图 5-4　希望之家的剖面图，展示了房屋的长宽比、平面的对称性以及房间的布置

业主和设计师都意识到，新住宅的费用是一项挑战，维护费用将是一个长久的问题。因此，他们决定在有限的建筑预算下，最大化住宅的耐用性，尽可能缩小能耗。采用以下设计策略：

（1）有效利用空间。为了施工范围和成本，一个关键的设计目标是使复式公寓在满足住户和工作人员需求的前提下尽可能缩小。此外，希望之家的核心经营理念是让住户尽可能多地参与户外活动。因此，最大限度地减少建筑空间有助于鼓励其户外活动。

（2）最大化被动热控。该地块位于一个占地 1/3 英亩（14390 平方英尺或 1337 平方米）的小镇，在这里建造一栋 2421 平方英尺（225 平方米）的建筑允许有很大程度的灵活性。最终的设计有一条横贯东西长轴线，以最大限度地增加南北日照。北面的光照对于夏季的热量来说是温和的，而南面的光照通过屋檐相对容易控制。东西朝向被最小化，以减少夏季上午和下午的日照（图 5-5）。

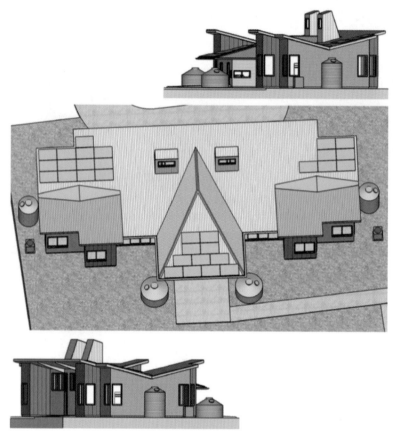

图 5-5　图为 9 月 20 日秋分，从三个太阳位置拍摄的希望之家的平行投影图。在每年的这个时候，太阳的路径比仲夏低，因此屋檐的遮蔽功能比夏至时节更弱，但是白天的温度仍然很高。根据这个项目的朝向，日出（右上图）和日落（左下图）的太阳照射（暴晒）是最小的；中午（中间图），屋顶表面屏蔽了大部分的太阳能。金属屋顶是反光的，屋顶结构比墙壁更绝缘

（3）具备可扩展性和可持续性功能。在设计之初，某些可持续系统尚不清楚是否符合预算，例如光伏系统或雨水收集系统，也不清楚捐助方是否会赞同提供这些系统。该项目预留了可扩展的功能。屋顶平面的倾斜是为了优化夏季太阳能收集，同时

预先为光伏系统布线，无论是施工还是改造，都做到有备无患。金属屋顶和适当的排水沟为了便于雨水收集，以便于雨水收集（图5-6）。

图5-6　希望之家处于市政供水系统范围内，因此不允许收集雨水以用于饮用，因为可能会对公共供水系统造成交叉污染。然而，集水用作灌溉土地是允许的。屋顶的设计允许了根据需要增加蓄水量

（4）室内外连通。所有卧室的窗户在满足围护结构总热性能的条件下被最大化，这样可以提供与外部的视觉连接，成为丰富但可控的采光口。带有最小门槛的大型玻璃推拉门为每个单元提供了近6英尺（1.83米）宽的开口，以便于连通室外。

解决相互冲突的制约条件：热烟囱和光伏。得州中部炎热潮湿的气候中，通风是最有效的被动冷却策略。通风可以将人类的湿度舒适区延伸为图表中更温暖、更潮湿的区域（图5-7）。在那些没有风的日子里，希望之家采用了两个热烟囱，利用烟囱效应和热空气的自然浮力来加强每个单元的自然通风。这种被动冷却技术已经有上百年的历史了。它的原理是热空气上升，从一个大孔中被抽走，较低的冷空气便在整个空间中流动开来。

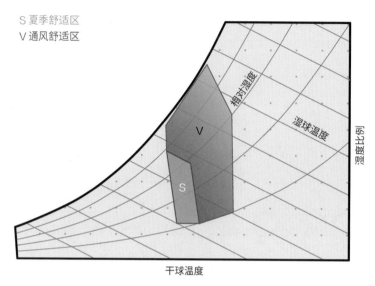

图 5-7　提供自然通风并不一定会显著降低空间的温度，但它能与生物冷却机制有效协同，调试人体对舒适的感知阈值，有效定位了焓湿图上的"舒适区"，使居住者在更温暖、更潮湿的条件下感到舒适

　　数十年来，ASHRAE 手册运用着一个公式来估计烟囱效应下气流的速度和变量，BIM 也能担当此任：上下孔径之间的垂直距离和相对面积，进出口的温度。在 BIM 内含的工作表中（图 5-8），除了温度值外，所有的值都是由模型本身自动生成的，温度值则是由用户提供的估算值。

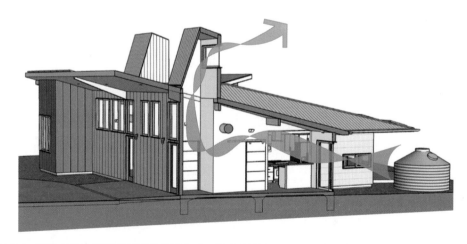

图 5-8　图为 BIM 用户的热烟囱计算工作表，该表内嵌在 BIM 项目文件中，以帮助评估设计变量的性能影响，比如热烟囱的高度和进出口的口孔径区域

热烟囱越高，所产生的气流就越大，它在光伏阵列上投下的影子也就越长。虽然近年来光伏系统控制已经在减少遮光损失方面有所改进，但光伏阵列部分被遮住仍然是不可取的，这会影响其整体性能。为了解决这一问题，我们利用虚拟建筑的信息进行了一定程度的定量分析：

（1）使用 Vectorworks Architect 的能耗模块和美国能源部的国家可再生能源实验室的 PV Watts 网络工具，对内部和外部能源负荷进行了初步能耗分析，表明 11kW 的光伏阵列应该达到净零性能。需要明确的是，净零并不是项目任务的一部分，也不是 11kW 阵列预计实现的。但为了项目未来的改进，不应该排除一个合理的净零路径。如果可能，应该避免被动冷却热烟囱降低光伏阵列的效率。

（2）利用一个常用的光伏组件的性能和尺寸数据，以及国家可再生能源实验室的在线 PV Watts 工具，估算实现 11kW 发电所需的模块数量。然后将阵列模块放置到模型中。

（3）利用 BIM 文件中的 ASHRAE 烟囱效应计算器，对热烟囱产生的空气运动进行估算。随着设计的演进，计算会实时更新以确定性能损失，之后的热烟囱迭代设计也可以估算。

（4）对热烟囱本身的高度和孔径大小进行调整，以实现较小的轮廓，同时最大限度地减少空气流量损失，这些变化可以通过日照研究反复测试。

（5）日照研究和夏至和秋风的太阳动画显示了热烟囱遮蔽光伏阵列的时间和位置（图 5-9）。气候数据显示，秋分过后不久的 10 月底，该建筑将从冷负荷主导转变为热负荷主导。我们用这种方式测试了阵列的几种配置，最终阵列分布在三组模块中，以减少或消除大部分由屋顶元素和热烟囱造成的遮阳。

4. 案例研究：布斯索莱尔项目

布斯索莱尔是一个独立的住宅，占地面积约 2500 平方英尺（230 平方米），在得克萨斯州中部农村建成（图 5-10）。

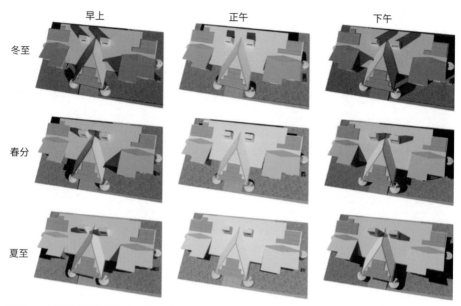

图 5-9　这些日照情况以动画的形式展现出来，以确保各种烟囱结构不会影响全年的光伏收集

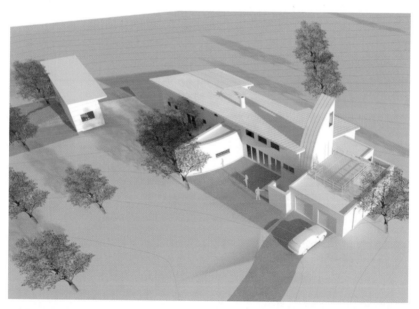

图 5-10　布斯索莱尔项目的白色"博物馆木板"渲染图，注意太阳能屋顶和弯曲的热烟囱。一个小的独立工作室和朝向正南的客房，即图中左上角处。此渲染图（以及本案例研究中的其他渲染图）使用 Vectorworks Architect 制作完成，Vectorworks Architect 是 BIM 设计应用程序之一（见第二章）

　　该项目位于 16 英亩（6.5 公顷）地势缓和的场地上，周围有很多成年的本土橡树。项目要求该设计尽可能节能，维护和运营成本最低。根据当地气候的特点，减少东西两面日晒，特别是西晒来控制太阳能是最佳选择。通过使用 BIM 工具（Vectorworks Architect）对最早的设计版本进行建模，建筑的朝向和屋顶都被进行了优化，以减少温暖月份的日照，同时最大化现场太阳能光伏（PV）的潜力。虚拟日照工具允许生成静态和动画的各种日照研究分析图（图 5-11），这样设计出的玻璃开口，以避免夏季热量增加，同时还允许冬季太阳穿透和被动加热（与人们普遍观点相反，得克萨斯冬季有时可能很寒冷）。同时，光伏阵列可以根据尺寸设定进行定位，以规避完全自遮以及减少来自邻近树木和附属屋顶结构（烟囱、通风烟囱和热烟囱）的遮挡（图 5-15）。

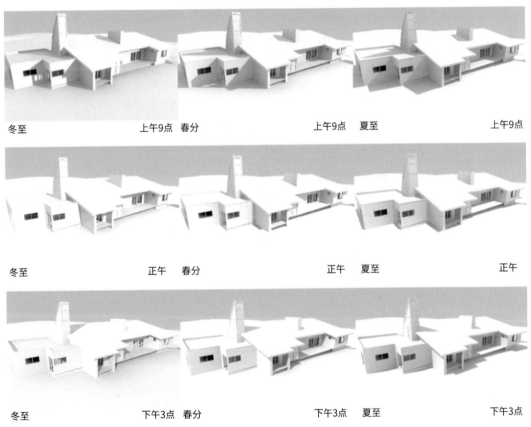

冬至　　　　　　上午9点 春分　　　　　　上午9点 夏至　　　　　　上午9点

冬至　　　　　　正午 春分　　　　　　正午 夏至　　　　　　正午

冬至　　　　　　下午3点 春分　　　　　　下午3点 夏至　　　　　　下午3点

图 5-11　布斯索莱尔项目的早期设计版本是在各种太阳条件下迭代演进的，以优化玻璃和屋檐的设置

　　此外，项目的另一个要求是，地板必须单层没有台阶，这是为了满足业主的年龄问题。建筑工地的地面倾斜度较高，建筑的很大一部分超过 6 英尺（2 米），这样就需要增加场地工作量。通过再次使用 BIM 中的定量信息，研究方向上的各种细微变化及其对遮阳的影响，并将其与 BIM 场地模型中相应的充填计算进行比较。由此得出，东南 15°的方位角是光伏损失最小点，而且与场地工作量的成本之间达到平衡（图 5-12）。

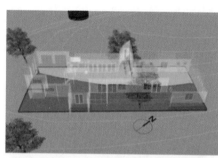

平行于等高线的房屋
最大限度减少挖方和填方：≈108立方码
砍伐3棵树木
最大坡度为3.5′
南方位角50°

挖方
填方

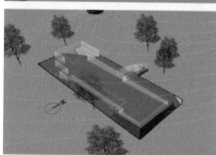

最大太阳能优化的房屋
最大限度减少挖方和填方：≈340立方码
砍伐0棵树木
最大坡度为9′
南方位角0°

挖方
填方

房屋定位折中方案
最大限度减少挖方和填方：≈289立方码
砍伐0棵树木
最大坡度为6′
南方位角15°

挖方
填方

图 5-12　即使在 16 英亩（6.5 公顷）的工地上，也不能做到自由选址以实现最佳的光伏。这些图说明了在不过度影响遮阳和光伏收集的情况下，为解决场地工作量问题而进行的定量分析——尽量减少开挖和回填，保护树木，保持一个可接近的平面图。在这里，BIM 现场模型和太阳能模型的可能性分析实现了"鱼和熊掌兼得"

节能设计的一项基本原则是，首先减少能源负荷，然后在必要时寻求更有效地使用方法，最后找到合适的方法来替代化石燃料。在当地湿热气候条件下，自然通风是最合适的被动式降温方法，它可以有效地将人类舒适区扩展到湿度计（图 5-7）中更热、更潮湿的阈值。该设计可以捕捉微风，开口被设置在南北墙上，从而最大限度地利用风力资源。在没有风的日子里，设计师设计了一个热烟囱，通过暖空气的自然浮力（所谓的烟囱效应），以增加垂直气流从凉爽的低入口循环到炎热的高出口。虽然理论上可以进行计算流体动力学（CFD）来优化热烟囱的性能，但在实践中，CFD 工具超出了本项目的范围。幸运的是，如由 ASHRAE 开发的软件有完善的设计指导方针，允许设计师基于建筑的几何形状，估计其在烟囱作用下的空气流量。ASHRAE 在计算上是相当容易应用的，它能够嵌入在项目 BIM 文件的电子表格中。因此，可选择的热烟囱设计包括窗口出口的尺寸和塔高，并且实现立即评估该数据对气流速率的影响（图 5-13）。

图 5-13 热烟囱的东、南、西三个方向都采用了很厚的玻璃，以加热上层空气，而上层空气在上升时将较低、较冷的空气带出，并从南窗排出。热烟囱的预估性能（体积空气流量）是根据模型固有的几何形状和 ASHRAE 基础手册中的公式计算的。虽然这种计算不如完整的 CFD 分析准确，但随着塔高和孔径尺寸的变化，这种计算可以帮助设计师快速评估各种设计方案的优点

　　建筑师们意识到，适当的玻璃数量（适用于夏季和冬季条件）可能需要考虑项目的窗墙比（WWF），这是一种衡量垂直围护结构中玻璃比例的方法。然而，窗墙比并没有考虑墙壁朝向。对于被动式供暖，太阳能节约率（SSF）——一种比传统供暖高效的估算太阳能供暖的方法——是由朝南的玻璃和内部暴露的热质量的比例决定的。在布斯索莱尔项目中，BIM 被用来动态比较朝南玻璃窗的数量、相邻暴露的混凝土地板和内部砖表面的暴露面积（图 5-14）。随着设计的发展，一个简单的内部工作表可以查询各个材料区域的模型，并自动提供关于太阳能节约率的更新信息。因此，开窗和玻璃的选择可以同时评估自然通风、烟囱效应、夏冬季的太阳能增益以及纯粹的建筑学考虑。

图 5-14　将布斯索莱尔项目的朝南玻璃区域与内部热质量（以暴露的混凝土地板和砖壁炉环绕为主）进行比较，以估算该设计的太阳能节约率

　　如果需要对材料进行适当分类，通过 BIM 便可以查询各种材料和数量，从总建筑面积比较到具体墙体的组装区域、屋面材料、室内饰面，当然，还有门和窗更详细的表单。这种工程量估算（图 5-15）能够帮助总承包商对可能的项目成本进行更精确的成本估算。此外，建筑系统可以减少材料浪费为目标进行评估。例如，与传统框架技术相比，使用更大尺寸、间隔更长的木材（所谓的高级框架）的框架技术，其材料成本可能更容易量化。这样的比较也可以用来评估替代方案的可行性。同样地，可以通

过 BIM 内在的分析定量信息来评估给定项目的嵌板施工系统。

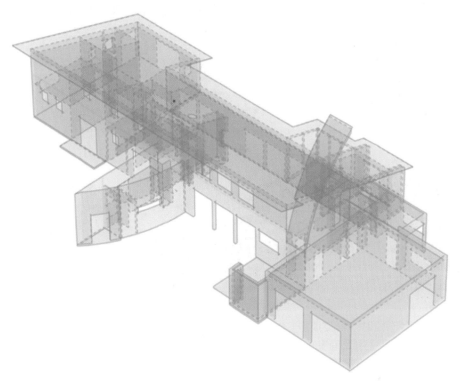

图 5-15　布斯索莱尔项目的另一个视图，这个渲染显示了该设计的外立面材料，以及作者在 Vectorworks 中直接生成的工程量估算报告。这个报告能够随着设计的迭代而更新

　　在过去 20 年，农村居民需要越来越深的水井，部分原因是因为天气模式的变化，也由于郊区开发的侵占，进一步降低了地下水位。在此类项目中，收集雨水已成为水源的主要来源，既可用于灌溉，也可用于家庭。虽然 BIM 设计软件不包括"雨水收集工具"，但在大多数程序中，可以动态地将可用的屋顶投影区域与用户提供的降雨数据连接起来，以确定蓄水池的大小，蓄水池是雨水系统中最昂贵的组件（图 5-16）。虽然这些计算的简单公式早在 BIM 出现之前就已经有了，但将它们包含在 BIM 文件中的优点是，蓄水池的大小可以在设计过程的任何步骤中确定。允许设计师能够快速权衡不同的屋顶设计及其对蓄水池的影响。

图 5-16　布斯索莱尔项目中 BIM 屋顶是一个"智能"对象，它能够报告实际表面积（屋面材料的数量）以及投影面积（平面视图中的占地面积），并区分空间面积和悬挑区域。在 BIM 里，自定义工作表能够查询平面图的投影屋顶面积，以计算水箱大小。建筑工地的精确建模、树冠和设计本身将最大限度地提高光伏阵列，以畅通无阻地获取太阳能

5. 案例研究：小鸟夫人湖的木栈道项目

　　木栈道的目的是提供一个安全、风景优美的走道，横跨 1.3 英里（2092 米）的步行和自行车道，从奥斯汀美国政治家报大楼贯穿至小鸟夫人湖的湖滨公园，是得克萨斯州奥斯汀市的地理中心和创意集结地。它为人们提供穿过开阔的水域，经过林地走廊和湿地的陆地通道。这个设计捕捉到奥斯汀天际线的瑰丽，与幽静的石灰峭壁相映成趣（图 5-17）。自 2014 年 6 月开放以来，木栈道已经吸引了超过 75 万名体验者，无数当地和州的设计奖项被纳入囊中。

　　该项目需要考虑众多因素，包括公园规划、政府许可、流域水文、可持续性和景观。考虑到在生态脆弱的场地上建造的物流挑战，设计的目标是需要尽可能在场地外

图 5-17　得克萨斯州奥斯汀市小鸟夫人湖木栈道的航拍照片，右上角为西北方向三个遮阳区之一的细节（插图）。图片由林巴切尔＆弗雷（Limbacher & Godfrey）建筑事务所提供，照片由詹姆斯·英尼斯（James M. Innes）拍摄

制造，然后在河滨现场交付和组装，从而在加快施工时间的基础上减少了对环境的影响。为此，木栈道的结构逻辑是基于短跨度的"模块组件"集合。简单耐用的镀锌钢和混凝土是主要材料。

模块组件。除了自然场地的挑战，该项目还因周围土地的不确定性而变得更加复杂。从一开始，业主（奥斯汀市）就拥有将项目置于水中的权利，除此之外，业主还拥有部分毗邻的滨水区。有机会就收购部分私人土地进行谈判，以减少更昂贵的开放水域建设，但这些谈判需要时间来探索和完成，并为项目注入了不确定性因素。土地谈判可能会延长项目的期限，模块化设计还有一个额外的优点是，不论最终路线是否被确定，该程序始终允许设计过程向前推进。

因为木栈道将从陆地延伸到开放水域，设计必须包含一个弯曲的小径。这是一个可以灵活处理直线和曲线路径的"模块组件"，对于项目的成功与否是至关重要的（图 5-18），即便后期可利用土地增加、遇到珍贵绿植或其他环保因素，此类障碍都不会阻碍项目的进展。

"模块组件"是一个高 20 英尺（6 米）的梯形跨小集合，当它被组装起来时，就可以达到项目所需的直线或曲线的需求。不仅这有助于规划，也使后期建设更易于管理。连接件是镀锌钢，甲板是定制的预制板。模块化复用的构造是满足项目进度和预算的重要因素。

BIM。多专业设计团队是由一家全球工程咨询公司领导的。结构工程师和土木工程师都来自公路工程背景，对建筑细节不太熟悉。作为分包顾问，建筑师需要在专业之间进行清晰而有效的沟通，BIM 在这个过程中功不可没。此外，BIM 还帮助业主的项目管理团队进行沟通，以促进快速、公开的决策过程。所有的设计和细节都是基于计算机建模的工作流程。

遮荫区。沿着栈道的东部，设计了三个遮阳区作为观景台，也是娱乐区。遮阳区也很受大众的欢迎。基于使用"模块组件"的前提下，该区域设计为由现成组件组成的钢结构的叶片阵列（图 5-19）。在 BIM 的运用中，无论是作为设计还是作为沟通工具，分支的复杂性都被简化了。从各种角度呈现替代几何图形的丰富潜力对该过程是非常宝贵的。

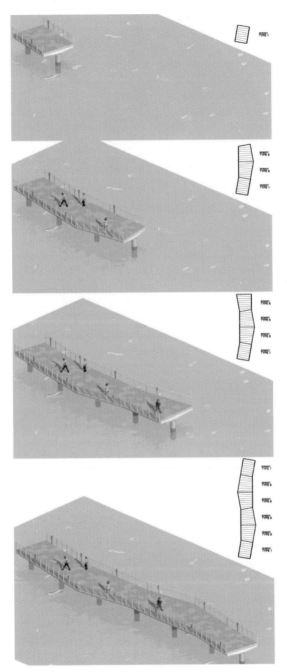

图 5-18　木栈道各部分的概念性进展，每个组件由重复的部分组成，以适应方向上的变化。

图片由林巴切尔 & 弗雷（Limbacher & Godfrey）建筑事务所提供

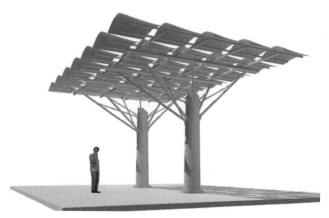

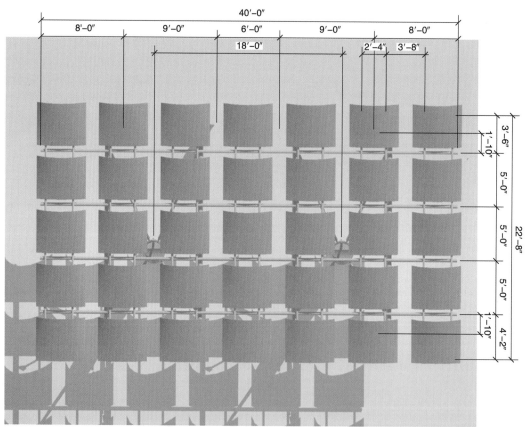

图 5-19　图为栈道遮阳结构的 BIM 模型。用这样的模型与项目工程团队构思、开发、沟通和协调，是整个项目的关键，虽然他们之前基本上只使用 2D 工作流。图片由林巴切尔 & 弗雷（Limbacher & Godfrey）建筑事务所提供

6. 案例研究：埃尔金住宅项目

太多太迟？对于许多项目来说，能耗分析是一个关键的设计因素，即使许多小型建筑由于成本的原因或相对简单的工作流程，似乎会忽视能耗建模。此外，能耗建模是需要详细录入机械系统和工作模式的，然而这些数据在早期设计过程中可能无法获得。当这些信息终于被拿到时，要对项目的性能进行大改可能就来不及了。设计过程中的数据越丰富，验证能耗法规符合性就会越滞后。在申请许可之前更改墙壁装配设计为时已晚。

如设计的大多数方面一样，围护结构的能耗性能应在方案设计中加以考虑，在初步设计中加以完善，并在施工图设计中予以详细说明。幸运的是，建筑师可以使用BIM能耗分析（不同于能耗建模）工具。能量建模意味着对热工性能的全面模拟，而能耗分析更综合，可以有效地假设和计算，而无须进行模型的完整有限元分析。

常见的内置 BIM 工具，如 Vectorworks 的 Energos 功能或 ArchiCAD 的 Energy Evaluation 允许设计师在早期设计阶段进行概念性能耗分析。例如，建筑师可以在方案设计解决设定围护结构的 R 值 / U 系数作为规定目标，然后随着设计的发展用特定的墙体组件代替一般的组件。通过用一种墙替换另一种墙的简单模式，就可以对比不同的假想场景，并评估更好的方案。在做能耗模型的时候，设计已经在一个较粗糙的框架下被审查，从而规避了"分析太多或太迟"的陷阱。

我们公司被委托在得克萨斯州的埃尔金（图 5-20）设计一个独栋住宅，这是奥斯汀城外的一个小镇。和许多业主一样，我们的客户非常关心新房子的能耗性能，他们拥有超出常人的物理和工程知识。因此，他们在设计过程中的技术参与度异乎寻常地高，设计师们需要对所有设计决策深思熟虑。因此，在设计这座房子时，我们针对该地区的气候特点进行了详细计划：

（1）基于日照研究的被动定位，进行窗户和屋顶悬挑的设计，以减少夏秋两季的日光照射。

（2）采用交叉通风和热烟囱的被动冷却机制。

（3）高空间的温度分层（针对得克萨斯州气候的一种常见的本土设计）。

（4）逐步实施的雨水收集。

图 5-20　埃尔金住宅建筑效果图

　　此外，在这个特殊的项目中，墙体和屋顶组件契合了整体热细节和连续隔热的功能，以克服热桥问题（图 5-21）。设计热隔断需要注意诸多细节、一些额外的成本，并需要小心安装墙体组件。此外，室内和室外温差越大，消除热桥的环节在节能设计中就越重要。虽然在得克萨斯州中部的第 2 气候区 105 ℉（40℃）在夏季并不多见，但比冬季还大的高达 70 ℉（21℃）内外温差在第 6 气候区非常频繁。热隔断在理论上总看起来很美，但昂贵或特殊的细节在温和的气候里并没有被有效地发挥功效。在许多项目中，我们使用 BIM 能耗分析来比较有或者没有热隔断屋顶的两种模式，以帮助我们更好地告知客户在屋顶连续绝缘的可量化的一系列影响。这个项目的模型分析结果显示，屋顶围护结构的热性能提高了不到 1%。

　　这种分析虽然不能预测真实世界的性能——顺便说一句，能源建模也不能——但它确实是一种用来验证设计决策有用而可靠的衡量方法。换句话说，BIM 内在的能耗分析可以帮助设计师权衡不同设计方案的相对优点，并进行相应的设计。

图 5-21 从我们的 Energos 模型中，计算了屋顶组件的围护结构损失为 25322 英热 /（平方英尺·年），包含了金属屋顶、拱形空腔屋顶的开孔喷涂泡沫保温材料以及椽 / 甲板连接处的热桥。一个类似的热隔断屋顶每年损失 25086 英热 /（平方英尺·年），即不到 1% 的改良费用

结语

在建筑学中，特别是在建筑学教育中，我们经常提到"设计问题"，这是一个十分恰当的术语。设计问题往往相当复杂，需要解决场地、气候、环境、项目、应用、美学和建筑、可施工性、授权、耐久性和成本等相互冲突的问题。的确，建筑设计的传统方法是解决问题的经典方法：

（1）提出问题。

（2）根据经验、培训和最佳实践提出一个合理的解决方案。

（3）研究解决方案的主要因素和限制条件。

（4）逐步完善解决方案，使对立的环节达到平衡。

（5）通过对各种目标的可行性进行测试，从而验证改进后的解决方案。

优秀的设计能够优雅出色地解决问题。与任何问题一样，如果有大量可靠的数据可用时，设计师更容易成功。BIM 就能提供这些数据，不仅关于设计的条件（场地限制、日照几何数据等），还包括对设计方案本身的反馈。当设计师利用这个功能，在查看模型的同时将结果信息与其他信息进行权衡时，那么设计最终就能解决更多的问题。有些设计师依赖于来自经验的直觉，但这种直觉有时可能是错误的。

BIM 所提供的流程效率，即使是在小型项目中，也可以通过节省文档处理工作，使设计流程着重于设计本身。此外，BIM 信息丰富的几何结构也有助于设计师将成熟的、经过验证的定量设计准则应用到设计中来。因此，BIM 可以与场地条件、气候和日照几何联系得更紧密。材料使用的定量评估能够让设计师更好地评估方案对资源的影响。这样的运算设计过程能够衍化为更优秀的建筑成果。对小型建筑来说尤其如此，因为外因（比如气候）对性能的影响比建筑内部更大。

第六章

数字制造的案例

本章揭示了建筑中设计和制造之间的具有密切联系的项目。这些项目设计过程中的 BIM 是解决问题的必备条件。BIM 的可施工性是"大 BIM"的共同话题（强调互用性和协作性），而大 BIM 往往强调文档协调和施工。另一方面，这些案例研究旨在说明 BIM 设计的递归性质，即在已知的设计过程和结果的背景下，考虑项目的可施工性问题。

引言

"数字制造"这个词可能会让人联想到某些超越建筑和雕塑的诡异几何、取材于科幻小说的制造过程图像、国际知名的明星建筑师，以及带有浪漫英雄主义色彩的创造者或黑客。大多数建筑师的日常经验中是不存在上述内容的。即便如此，对于典型的现代建筑项目来说，从绘图板——确切地说是从键盘——到实现的过程可能是非常短暂的。

纯数字制造取决于从模型到成果的若干个数字路径，即使在现实中可能存在几个数据后处理的步骤来影响从模型和材料的数据到制造的过渡。零件或组件可以概念性地从 3D 建模应用程序上做出来（无论是技术上的 BIM 设计应用程序还是纯粹的建模程序），但需要对数据进行操作才能实现输出。此外，作者必须了解制作过程的性质和局限。例如，设计师必须考虑空心或有壳构件的壁厚。正如传统建筑设计过程的从业者需要了解木材、钢材、混凝土等的材料限制和装配过程的本质一样，数字建筑师也必须了解数字制造能够支持或不支持的各种形态。无论是 3D 打印还是数控机床，这些过程都不像从设计软件发出打印指令那么简单。所以说，前面章节中关于工具、用户和工件之间的探讨与此章节的内容是息息相关的。

为了服务广大设计从业者，本章特意扩大了范围。我并没有将数字化制造的讨论局限于先进的尖端工艺，而是将 BIM 的先进应用集成在设计过程中，以便于理解。费城的 Point B Design 的开创性设计是值得炫耀的，它是具有未来指向性建筑的典范，富有诗意般创造力的 **D-Bridge** 远远超出了当今大多数作品的标准。更多地呈现数据丰富数字设计和施工之间的关系，将会鼓励更多的建筑师探索更大的设计自由，无论是应用于结构表现主义，满足于高标准的性能，或者适应于更多限制性的施工要求。

案例研究

1. 案例研究：战斗弯道别墅项目和拉曼住宅项目

安德鲁·南斯（Andrew Nance），美国建筑师协会，A.GRUPPO 建筑事务所，得克萨斯州，圣马科斯

可施工性和 BIM 的诞生。1994 年，尼尔·德纳里（Neil Denari）在得克萨斯大学阿灵顿分校给建筑系学生做了一个讲座。在讲座中讨论了他的最新作品，展示了最新的梅西住宅项目，并且探索了其"世界集"概念，以连续不断包裹表面的方式来定义空间。他在讲座中提到，尽管人们对他的设计很感兴趣，但为了让它们落地，他需要向所有关键环节展示如何做到这一点。他的解决策略是，数字化构建每个结构零件和组件，将其作为"概念验证"。如此这般，他便可以很快地在每个螺柱和梁都被建模的情况下，项目描述的精确度和"真实性"尽可能高（图 6-1）。那是在微软 Windows 95 和个人计算机普及之前的时间段。德纳里将好莱坞的特效建模软件合理地应用于建筑，从而有了我们当今的 BIM。20 多年后，德纳里的举措仍然引人深思：我们现在所称的 BIM 如何使可建造的、具有空间表现力的建筑成为可能？

结构性"倾斜"。在公司，我们雄心勃勃地探索空间条件，并寻求相应的结构解决方案。作为建筑师，我们的目标不是取代结构工程学科，而是寻求对建筑更好诠释及与之匹配的结构，将结构问题与建筑实践更紧密地结合。我们与才华横溢的结构工程师一起工作，以更好地了解钢和木材框架组件，不断呈现的越来越有说服力的建筑结构建模集成使我们更接近预期结果。

图 6-1　位于洛杉矶的梅西住宅剖面图及尺寸线。图片创作于 1994 年。资料来源：1995 年
cort - tex / 尼尔·德纳里（Neil M. Denari）建筑事务所

法医式建筑学。法医人类学家是通过对组织堆积和骨骼结构的理解"开发"出头骨的外观，与之相反，我们是从外观或表象着手，反向地探索出一个合理的结构解决方案。外观是其子结构的结果，这是显而易见的。但在评估结构系统时，无论是对钢框架、尺寸木材木框架组件、面板系统，还是对整体浇塑材料，都具有深远的影响。数字建模已经成为我们探索潜在结构解决方案及其相关结果形式的主要手段。不仅如此，BIM 还允许我们与我们的盟友（工程师、制造者和安装人员）有效地沟通我们的构想。我们能够建立令人信服的结构论证，并为结构设计和组装提供协作方案。利用BIM 的视觉协调能力，我们构建了分层的信息图表，这些图表可以同时做到下置或叠加。此外，在对体系结构及其附属结构的排序进行建模时，我们所能关注的不止于形式，更有各部件的装配顺序。

战斗弯道别墅（Battle Bend House）。这个项目阐明了集成结构建模对建筑设计的价值。Battle Bend House 是位于得克萨斯州奥斯汀市的四卧住宅，该项目被设计为双庭院住宅：前面是"公共"空间，后面是"私人"空间，在空间上被"L"形分隔开来。作为一个投机性的房地产开发项目，它是 30 年来首次被"定制"的新住宅。它从邻近的 20 世纪 70 年代牧场住宅中获得灵感，进行了适度的缩放。将在邻近住宅中发现的山墙屋顶和棚屋天窗等建筑元素，转化为该项目定义空间的室内元素。

作为单层住宅，天花板的处理是建筑空间体验的关键。动态的空间表达是通过简单的拱形山墙屋顶和半透明的玻璃天窗来实现的。出于对吊顶平面和衔接形式的极大兴趣，我们将拱顶和天窗交汇处的天花板设计成一种雕塑式的形态。

这个项目是由体量清晰的山墙、缓解张力的"椽带"、轻松明快的庭院，以及两套高置的光源窗 / 玻璃天窗组成。为了解决早已预料到的屋顶横向推力问题，我们用一系列剪力墙来缓解和抵消。这些剪力墙并不是设计后期咨询结构工程师再引入的，而是在设计前期明确地建模，将其整合到建筑形态中，并仔细地把这一部分绘制成图表（图 6-2）。这对整个建筑的空间特点至关重要（图 6-3 和图 6-4）。

图 6-2 通过客厅和天窗的剖面图，显示折叠屋顶 / 天花板。光源通过一个相对狭窄的孔被滤掉一部分，然后照射到毗邻的起居室。图片由美国建筑师协会 A. 集团（A.GRUPPO）建筑事务所的安德鲁·纳西（Andrew Nance）提供

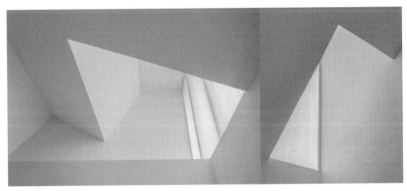

图 6-3 主壁橱（左图）和客房（右图）的光源窗 / 玻璃天窗图。在光源窗 / 玻璃天窗的交汇处，天花板的连接处产生了多种空间维度的雕塑般的表现形式。图片由美国建筑师协会 A. 集团（A.GRUPPO）建筑事务所的安德鲁·纳西（Andrew Nance）提供

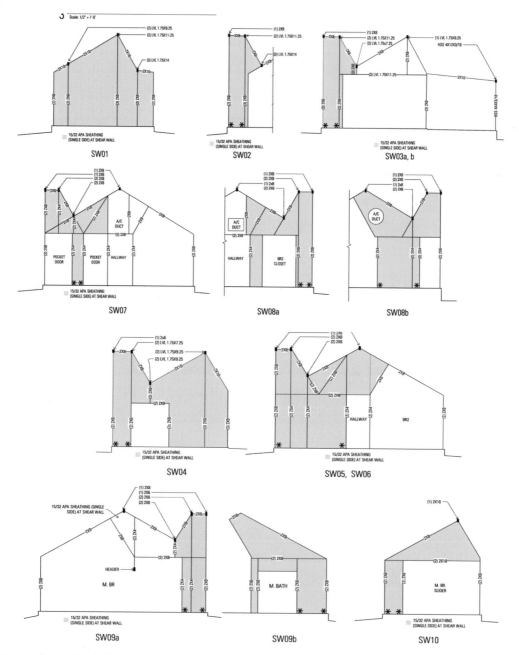

图 6-4　为了解决已知的屋顶横向推力，我们设计了一系列剪力墙来缓解和抵消。这些剪力墙并不是设计后期咨询结构工程师再引入的，而是在设计前期明确地建模，将其整合到建筑表达中，并仔细地把这一部分绘制成图表。图片由美国建筑师协会 A. 集团（A.GRUPPO）建筑事务所的安德鲁·纳西（Andrew Nance）提供

垂梁、转换梁和剪力墙的结构解决方案是以定形的"长条状"呈现，以清晰地表达开放的空间及其明快的线条。

拉曼住宅。在拉曼住宅中，复折式屋顶的弹出点在没有张力构建的情况下，需要一种替代机制来克服推力。如此这般，在设计早期明确地解决结构问题，可以更丰富作品的建筑表达。一系列的挡板墙解决了结构上的静荷载，并在感官上缓解了来自天窗的强烈自然光。从程序上讲，我们通过装配结构模型开始设计开发阶段，用 Vectorworks Architect 的墙和屋顶框架工具对建筑进行数字预装配。除了为建筑提供了新的可能性外，该模型还为结构设计提出了初步建议。

在从事纤维艺术和室内设计教学 40 年并退休后，客户希望增加一个画廊和工作室，以补充他们 20 世纪 70 年代的现代住宅。在过去的 30 年里，拉曼夫妇在他们的家周围建造了一系列的室外房间和花园，只留下前面唯一可运用的区域。作为艺术家，业主对大胆的雕塑形式很痴迷。其特点是成对的塔楼（画廊和工作室）两侧有一个门厅和一个更高层次的图书馆，这为重新设计住宅的立面提供了难得的机会。在早期的研究中，外部被看作为一个挤压的"外壳"，带来一些打造雕塑风格室内空间的可能性。被动和主动的自然采光策略，带来了一系列丰富的空间感。

结构绝缘板（SIPs）非常适合创建这种透明平面图组成的"壳"。包括两名结构工程师的设计团队和一个 SIPs 制造商（GeoFaze of Kerrville，得克萨斯州），共同制定和完成了 SIPs 的方案。

BIM 模型被导出给 GeoFaze，然后 GeoFaze 使用其专有的 SIPs 软件来制作模型。他们的模型精准反映了其制造能力，该模型被覆盖在建筑模型上以验证准确性，并确保在设计或制造过程中必要的修正。而后，这些模型被用来编制 SIPs 现场交付安装顺序（图 6-5）。

对于制造和组装来说，最具挑战性的区域是"弯曲"部位的墙体，即墙体转换到屋顶平面。这块区域避免使用拉杆或横梁，以保持空间的清晰度。为此，SIPs 结构工程师开发了一种由工程木材制成的弯曲柱，将其夹在面板之间以抵抗弯曲处向外的推力（图 6-6）。

图 6-5　BIM 模型用于验证制造商提供的制造模型，以及可视化的施工顺序。图片由美国建筑师协会 A. 集团（A.GRUPPO）建筑事务所的安德鲁·纳西（Andrew Nance）提供

图 6-6　弯曲的柱子由工程木材制成，中间夹有一对钢板以抵消屋顶"弹出点"向外的推力，从而形成雕塑般的室内空间。图片由美国建筑师协会 A. 集团（A.GRUPPO）建筑事务所的安德鲁·纳西（Andrew Nance）提供

　　自然采光策略通过两种方式实现：塔楼的玻璃北墙全天提供均匀的漫射光，而一系列的天窗提供直接照明，其光线随着太阳位置的变化而变化。为了突出直接照

明方案，设计师在天花板添加了一些挡板，以捕捉和反射自然光。直接光线的温暖和朝北的玻璃墙凉爽、均匀的照明形成了动态对比，提供了变化照明的独特个性。这些挡板，既可以作为照明方案的一部分，也是室内空间的顶端。基于结构的荷载要求，只需要一半，但为了达到预期的照明效果，所有挡板都有保留的必要（图 6-7）。

图 6-7　挡光板的双重作用是作为屋顶顶端，以及反射来自上方天窗的光线。图片由美国建筑师协会 A. 集团（A.GRUPPO）建筑事务所的安德鲁·纳西（Andrew Nance）提供

2. 案例研究：圣萨巴项目

这个未建成的项目试图在开阔的乡村场景中建造一个简单的平房。房子简朴的内部布局由一个三面的门廊包围着，为宽敞的户外空间（即养牛场）提供了纳凉的区域。每个屋顶朝向基本方向，根据门廊在特定方向的角度而变化（图 6-8）。支撑门廊的是双钢柱的柱廊：成对弯曲的热浸镀锌 C 形槽形成 Y 形支架，支撑着钢扁木门廊的边梁。每个钢构件都是相同的，将其旋转 180° 作为成对部件，以实现不同的支架轮廓（图 6-9 左图）。成对的双柱从门廊四个角落中三个朝外的角落分开，这样支撑的梁是悬挑在角落上的（图 6-9 右图）。

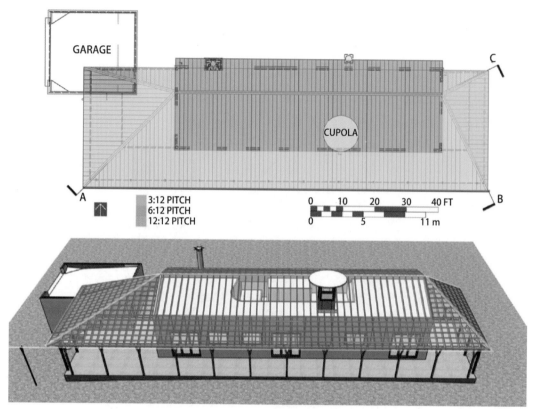

图 6-8　圣萨巴项目的屋顶平面图，屋顶坡度（顶部）和屋顶结构透视图（底部）用不同的颜色标注出来。请注意，在平面图中，屋顶下的门廊区域比房子的中心阴影更浅。A、B、C 三个角落的详细信息见图 6-10

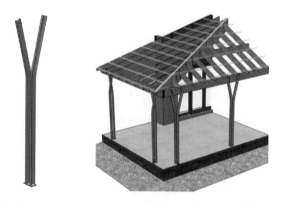

图 6-9　圣萨巴项目中"轭"支架弯曲槽钢双柱（左图）和 BIM 模型的屋顶结构细节的渲染。每一个组件的一半都是相同的。屋顶檩条被渲染成透明是为了保持立柱结构部分的清晰度

拐角的结构产生了巨大的压力，工程师在初步评估后，建议在三个开放的门廊角落设置变截面钢梁（西北角的车库提供了连续的结构墙，从而没有开放的角落）。作为全钢梁的替代方案，胶合变截面钢梁的设计采用了改进的、锥形宽翼缘钢连接，它们与悬臂门廊梁相连接。由于可变的屋顶倾角和固定的边梁，变截面钢梁的末端将有一个明显的锥度，所以钢是一个合适的轮廓材料。

然而，与木材相比，钢是一种更昂贵、更不耐腐蚀的材料。所以，变截面钢梁末端的形状一旦形成，就不可能在现场进行再次调整。对于一个简单的桁架、板或角连接，安排钢和木材不同的时序不是大问题。然而设计就不那么简单了，因为钢材必须在其连接的木框架被安装之前早早做好，所以框架必须精确地符合施工图设计，争取做到零偏差。总而言之，工程（以及最终钢结构施工图）尽可能准确，是至关重要的环节。

在前期的方案设计中，设计师使用 Vectorworks Architect 的屋顶工具在概念层面上建模，以测试各种门廊深度和屋顶面坡度，直到找到合适的方案。在这样的参数化 BIM 工具中，单个的屋顶面可以在特定的屋顶组件内的坡度、承重高度和悬垂度上发生变化。在之后的设计过程中，Vectorworks Roof Framer 分析了屋顶模型的形状，并根据提供的参数自动建模单个屋顶构件（周长梁、椽、变截面钢梁和檩条）。实际的结构分析是由咨询工程师进行的，因此屋顶构件的尺寸在模型中不断被更新，以反映基于荷载计算的结构设计。

对于变截面钢梁的连接，设计师根据工程师提供的结构草图更新了建筑 BIM。由于变截面钢梁在平面上是有角度的，大多数情况下需要两个不同的坡屋顶面，必须单独调整每个梁的仰角（坡度），以适应整体屋顶的几何形状。梁端连接需要精确建模，以匹配工程腹板和翼缘厚度、屋顶坡度和锥度，甚至包括基于基础结构假设的初步螺栓模式。取垂直于每个梁面的立面视图，然后将梁端连接的模型与结构工程师共享以获得认可（图 6-10）。咨询工程师精确了荷载和剪力计算，适当地调整了初步设计，并精确了螺栓模式。这些结构细节，也就是与作者分享的 2D DWG 图纸，是更新建筑模型的基础，他们确保了设计意图的契合度和完整性，并与屋顶系统和排水沟的需求相结合。

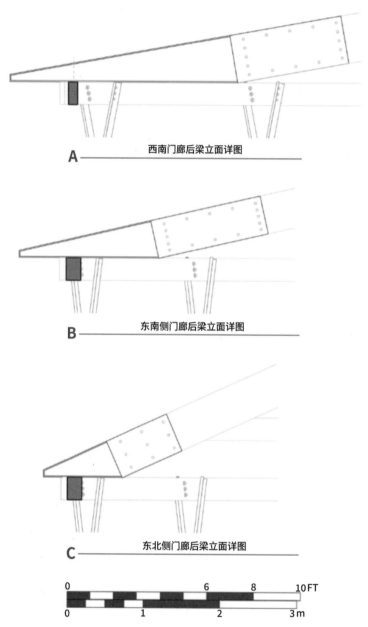

A ——————— 西南门廊后梁立面详图

B ——————— 东南侧门廊后梁立面详图

C ——————— 东北侧门廊后梁立面详图

图 6-10　建筑师的立面细节直接取自 BIM 设计文件的三个梁端部条件。红色部分表示钢梁端部构件。每个细节都与图 6-8 顶部的屋顶平面图相对应

3. 案例研究：GRO 建筑学院街道的微型住宅

理查德·加伯（Richard Garber），美国建筑师协会 GRO 建筑事务所，PLLC，美国纽约

微型住宅并不是一个新鲜的概念，但在当下的美国城市受到了极大的关注。这个设计的概念非常简单：每个住宅单元都被设计得狭小但高效，但公共设施要比典型的住宅公寓更大，比如健身房、协作工作空间和多功能休息室等。这些舒适的空间允许在建筑内进行更频繁的互动，以促进更紧密的社区生活。紧凑的密度相比于传统公寓建筑更具有可持续性，因为建筑在相同面积上需要向更多人提供服务。微型住宅的另一个重要因素是地理位置。特别是在美国东海岸，该地区有相当健全的交通系统，这些微型住宅项目选址大多在公共交通（如地铁、公共汽车和轻轨等）枢纽地区，这些地区的私家车使用率已逐渐减少。因此，许多微型住宅并没有为居民提供停车位，而是倾向于共享交通或单车区。

这种新兴的趋势是建立在技术变革的普及基础上的。法兰克福的德国建筑博物馆馆长彼得·卡佐拉·施马尔（Peter Cachola Schmal）将人们对太空舱的兴趣与 20 世纪 60 年代的太空旅行技术联系起来。宇航员背着生命维持系统，顺利进入了首个直径只有 7'-6"（2 米）俄罗斯太空舱。在那个对科技充满激情的时代，太空舱被视为进步的象征——它是人类文明迈向遥远世界的希望之洲，一种太空中的超现代汽车。太空舱形式极大地影响了建筑师和设计师。

美国微型住宅文化在太平洋西北部的城市中源远流长。在撰写本书时，西雅图有大约 780 个微型单元，另有 1600 个正在建设中。这些单元大多在 200 ~ 300 平方英尺，由于其低廉的租金和市中心的地理位置，这项项目非常吸引人。城市官员们也对微型公寓张开双臂，因为它们在日本和欧洲国家有异曲同工的妙处，微型住宅都位于适宜步行的市中心而非杂乱地扩张，这种密度通常将人们可持续地集中在建筑和社区服务集中的地方，同时减少人们对私家车的依赖。苏珊·凯莱赫在（Susan Kelleher）《西北太平洋》（Pacific NW Magazine）杂志上写道："小公寓并不是新鲜事，但是在西雅图的小公寓却炙手可热。开发商们打响指般地建造小公寓——甚至不顾邻里的反对——然后预算紧张但生活方式流动的人们迅速填满这些市场。"

位于新泽西州泽西城的鸟巢微型公寓项目，是 GRO 的微型住宅项目（图 6-11），现场工地位于城市密集的日刊广场社区，毗邻一个交通枢纽中心，该中心连接着新泽西公交、出租车以及纽瓦克—纽约的列车。该项目的场地 91′-5″（27.9 米）宽，100′（30.5 米）长，其体量由日刊广场重建计划把控，根据体积和高度标准来限制密度。建筑开发商在推销这些公寓时宣称，这些公寓是为"数百万年轻的中产阶层纽约客而设计，他们为自己的城市努力贡献，却在曼哈顿没有属于自己的家"。

图 6-11　鸟巢微型公寓，泽西城，新泽西州。鸟巢微型公寓是泽西城日刊广场社区的一座新建筑，共有 122 个单元。该建筑包含设施齐全的工作室，并配备部分城市公共交通的导向设施。图片由 GRO 建筑事务所提供

该项目设置了 122 个住宅单元，每个单元的面积在 200 ~ 280 平方英尺。新泽西社区事务部的代表们进行了详实而周密的讨论，他们负责监管该州的建筑规范和标准，以确保所有单元符合可行性标准。这些标准旨在提前确保整体的建筑质量，确保单元设计的可行性。

　　基本单元设计为单人居住，标准单元模块为 11 英尺（3.35 米）宽和 20 英尺（6.1 米）深。该模块被细分为一个"湿区"，即 9 英尺（2.74 米）× 11 英尺（3.35 米），和一个"干区"，即 11 英尺（3.35 米）× 11 英尺（3.35 米）。湿区位于单元内部，包含必要的无障碍浴室设备：淋浴、卫生间和盥洗室。这些设备分别有固定位置，而不是将它们分到一间浴室随意安装。该区域有集中在一面墙上的独立的卫生间和淋浴间，水槽和储物柜设置在对面的墙上。

　　"干区"包括一个厨房区（包含水槽、冰箱、双炉灶和微波炉）和一个起居区（折叠式沙发、充足的存储空间和一个小型折叠桌）。室内设计方面，我们和意大利家具制造商通力合作，在施工期间安装了一系列节省空间的家具（图 6-12）。所有的单元将附带家具出租，其概念是，住户只需拎包入住即可。

图 6-12　鸟巢微型公寓，泽西城，新泽西州。单元的设计类似于一个游艇内部，而不是传统的公寓——根据居住者的使用频率，家具可以折叠到墙体之上。图片由 GRO 建筑事务所提供

　　该设计利用其地理位置，为每个朝南的单元设计了一个带有两人座软垫的飘窗（图 6-13），它包含一个通风的高遮阳窗、窗扉和遮阳板。遮阳板根据场地进行了调整，能够让冬季的阳光照射到单元内，同时遮蔽夏季的暴晒。设计师通过对全年日照路径和角度的模拟，得到最佳遮荫长度为 12 英寸（305 毫米）。

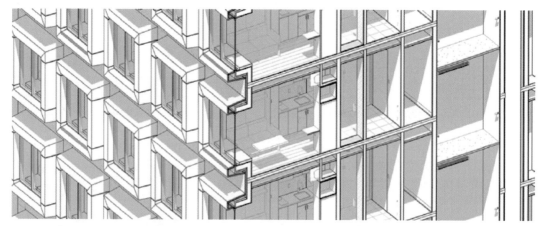

图 6-13　鸟巢微型公寓，泽西城，新泽西州。GRO 开发了一个完整的虚拟模型，综合了工程顾问提供的 2D 和 3D 信息。通过该模型的计算和演示，小单元（220 平方英尺或 20.4 平方米）是平衡了市场需求、投入协调、成本和空间冲突的最佳方案。朝南的单元均附带能够扩展空间的窗框。图片由 GRO 建筑事务所提供

　　设计、BIM 和行业协调。这个高密度的项目对比传统住宅，无疑是挑战很多。首先，由于单位面积的尺寸很小，设计与施工团队需要更高程度的密切合作。如果一套包含浴室和厨房的一居室公寓平均面积为 800 ～ 900 平方英尺（74 ～ 84 平方米），那么四套微型公寓在同一面积内的管道和煤气管、家具及固定装置是这个数字的 4 倍。通常，机械、电气和管道（MEP）顾问将以单线的形式显示此信息。但在这里，所有的管道和天然气都进行 3D 建模，并与建筑和结构相结合，以避免专业之间的空间冲突。事实上，BIM 文件被不同的分包商不断审查，以确保每个维度都得到适当的协调。对于鸟巢公寓来说，BIM 很好地处理了包含元数据的家具、装置和设备（FFE）等不同行业间的协调。这个项目至关重要的是要确保房间内家具和设备的匹配度，使它们更加井然有序，而非像传统公寓那样。因此，BIM 确保了该项目设计新颖又物善其用。

4. 案例研究：Big Wheel Burger 的跨专业设计

巴尔·巴曼（Neil Barman），AIBC 实习建筑师，LEED AP，Barman+Smart 设计事务所

这是一个针对现有租户的改善项目（图 6-14），是一家位于加拿大不列颠哥伦比亚省维多利亚的连锁餐厅，作为该品牌第二个分店和补给厨房，该餐厅主打以当地原料为主的快餐。作为餐厅的一部分，客户希望使用简单且朴素的材料。

图 6-14　项目完成后的 Big Wheel Burger 餐厅，该餐厅位于加拿大不列颠哥伦比亚省维多利亚。图片来源：Neil Barman，Barman+Smart

餐厅设计是一个独特而复杂的过程，其目标是创造一个"机器"，其内部由相互独立但又相互依存的部件构成。厨房设备往往相当笨重，它们经常扮演特定食物的准备或存储任务，所以在尺寸和机械要求上相当苛刻。用餐区，则趋向于比较轻松的职

责，赏心悦目也好，宾至如归也好，旨在为顾客创造一个方便舒适的环境。

　　该"机器"的不同用户要求它以不同的方式提供服务。顾客需要一个愉悦的空间来享受美食和社交，员工需要一个空间工作和取悦顾客，老板需要的空间能够推广其品牌和实现利润最大化。林林总总的要求让 BIM 发挥着重要的作用，它不仅是确保餐厅机器的工作效率、设备细节和数据跟踪，更把餐厅再造成为一个吸引人们消费和工作的地方。

　　设计已知的空间，意味着程序、设备和环境必须容纳在预先建立的外壳内。大部分所需的厨房设备和工作流程都是业主和厨师熟悉的。支持厨房设备所需的暖通空调设备和工作流程最初的设计非常简单，以适应现有条件，使其与厨房的设计相配合。采暖、制冷、通风和服务连接是由一位机械工程师设计的，他拥有丰富的餐厅专业知识让设计满足设备、占地和地方相关建筑规范的要求，由此创造出一个舒适的功能性空间。

　　机械工程师提供了暖通空调系统的初步方案和 2D 系统图，作为 DWG 文件和设备清单。然后用 Vectorworks Architect 的使用内置参数 MEP 部件和自由曲面建模工具包，对该设备进行 3D 建模。正如我们所料，机械系统在厨房空间中的放置将是一个复杂的权衡。在客户启动这个项目的前一年，他们的邻居也做了大规模的翻修，邻居占用了所有可用的屋顶面积放置他们的机械。所以我们面临的又一个挑战是必须在租用的空间内容纳所有的机械设备。空气净化和加热装置、排气罩和冷却压缩机，这些大尺寸设备的合理摆放让 3D 建模至关重要。由于现有的建筑条件和管道的空间有限，所以管道建模对技术系统的可行性同样帮助很大。T 形天花板的设计制约了厨房的存储空间。但通过建模，客户可以看到设备需要多少空间，厨房将如何工作，施工方如何交付和安装等。

　　出于对空气流通的考虑，暖通空调的管道系统需要延伸至用餐区，设计需要将管道系统作为室内设计的一部分。我们没有将突兀的空调组件视作空间设计的障碍，而是在考虑其功能的基础上，结合其大小、形状、材料、位置、路径和空间放置，将其作为一个独立的设计元素。专业的机械工程师很高兴地看到他的想法和建议被 3D 建模。设计师使用 Vectorworks 的 Clip Cube，一边探讨暖通空调设备的放置，一边观看空间的 3D 剖面图，这对于调整机械设备和厨房的工作空间是非常宝贵的（图 6-15）。

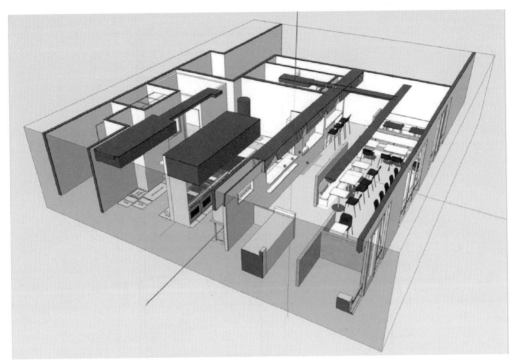

图 6-15　BIM 模型的实时剖面图，彩色部分呈现了机械设备、厨房设备及墙壁布局。图片来源：Neil Barman，Barman+Smart

　　设计团队解决了厨房区域的要求后，公共空间（比如入口、前台、动线、座位、洗手间等）被逐一分配成形。为了与餐厅朴实无华的格调保持一致，我们设计了混凝土矮墙，将座位区与走动区分隔，并建议使用原木和不锈钢作为内置橱柜的材料，进一步渲染格调。

　　有了这些构想，我们为客户和其他成员提供了简易的 3D 效果图，这是对我们设计意图的有效传递。为了让团队专注于实际空间本身，我们有意在最初的一些视图中忽略了材料和纹理。当在初步设计过程中向客户展示进度时，我们运用了实时 3D 模型。这种方法使客户跳过研究和理解复杂的 2D 图纸（图 6-16），通过视图效果直接地向他们展示设备和方案（图 6-17）。这种呈现方式和协作方法通过实时回答客户的许多问题，节约了大量的设计和沟通时间。

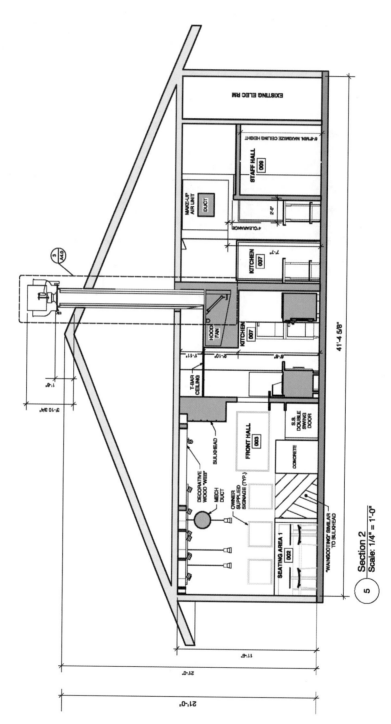

图 6-16 施工图设计中被直接使用的 BIM 正交建筑剖面图。图片来源：Neil Barman, Barman+Smart

图 6-17 在笔记本计算机上通过 BIM 模型进行简单而有效的演示，可以清晰地向客户、建筑商和其他人传达设计理念。图片来源：Neil Barman，Barman+Smart

　　室内设计师从外露的机械系统和原始材料的色调中获得灵感，创建了一个有趣的几何天花板框架和舱壁外壳以及灯具的品类。从我们的 2D 和 3D 效果图中，他提供了舱壁概念和天花板框架的布局草图。我们很快将这些构思添加到 3D 中，以测试它们对设计的适用性和可建造性。在随后与室内设计师的会议中，我们再次运用 3D 模型进行实时更改。就这样，团队再次避免了大量的沟通时间。否则我们需要将单方面的更改发送给室内设计师进行审查，再等待他的回复。

　　即使在早期的概念阶段，这些元素也被整合到 3D 模型中。所有的顾问都可以看到，在各自的专业领域交流看法，并与施工方协调施工。天花板框架的设计能够进行迭代式探索，在不同的范围、模式和施工可能性中不断尝试（图 6-18）。设计团队对原木包裹的照明舱壁也进行了类似的探索，所以电气承包商也被早早引入了设计过程。结合暖通空调设备，团队将两种室内设计元素结合到模型中，以促进顾问之间跨专业的探讨。例如，当在 3D 模型中显示这些元素，管道系统会阻碍餐厅内的视线，使顾客看不到菜单。由此看来，拥有一个准确全面的 BIM，团队可以在设计阶段而非施工期间，不断探索、不断跨专业沟通。一个高雅而明快的设计方案应运而生。

图 6-18　室内设计师共享的 BIM 艺术渲染图（上图）与完成后的效果图（下图）对比。图片
来源：Neil Barman，Barman+Smart

　　如果团队成员各自沉浸在自己的"象牙塔"里，初步设计中的这种丰富的协作是
不可能实现的。这个项目的关键是构建一个协同而平行的工作流程，而不是传统的建
筑"装配线"，然后是机电设计、室内设计，所有这些都在最后关头往往需要重新调
整。这种深层次的协作大大降低了"意外"的可能，就算有也会在施工阶段被解决。

　　从客户的角度来看，早期的可用的模型能够让他们与咨询人员一起开发项目，他
们可以清晰地看到资源的使用，并构想餐厅的消费体验。2D 图纸不再是客户了解这些
信息的唯一渠道，建模的方式不仅访问便捷，并且易于体验。

第七章

BIM 的未来：技术趋势

杰弗里·瓦莱特（Jeffrey W.Ouellette），
美国建筑师协会 IES、AEC 技术顾问先进的技术正逐渐被应用到 BIM 中，数字设计的范围和应用正不断扩大。业内人士认为，这些技术对创意过程是促进而非阻碍作用，因为它们有助于更高效的项目交付。当前 BIM 的落地还处于初级阶段，随着各项技术的成熟，它仍旧有很大的发展空间。

未来拥有丰富技术的行业

设计是一个复杂的过程，它融合了逻辑和美学的客观标准和主观价值。可供设计师和设计过程选择的工具、数量和类型正在以惊人的速度增长，比如建模、仿真、分析以及各种 3D 打印等。

其实这些技术都不是当下最具有革命性的，最终进入市场的往往是过去的技术。如果一项技术克服了成本、性能和用户界面等障碍，它就可以进入更广阔的市场。在这些障碍突破之前，新科技的应用通常是不可实现的，除非是研究人员或资金充足的前沿从业人员。此外，建筑行业的整个体系历来根深蒂固，新方法和新技术往往接受度很低，尤其是具有颠覆性的方法和技术：人们认为这些新鲜事物主要取代传统的技能和知识，而不是提高生产率和利润率，这个看法在投入风险过高时，尤其明显。正是由于这些原因，建筑行业在技术创新和应用方面远远落后于其他行业。

尽管如此，在引进和采用技术的数量和速度方面，建筑行业达到了一个重大的转折点。设计师正处在创新和开拓的风口浪尖，具有划时代的设计机遇正在向我们挥手。毋庸置疑的是，新的想法和流程正在对建筑行业从设计、施工到运营均产生着极大影响，让我们将重点放在以下几个趋势：

（1）数字现实：虚拟、增强和混合。

（2）运算设计与可视化编程。

（3）三维激光扫描、倾斜摄影和点云。

（4）人工智能。

这些技术并非独立的新技术，而且适用于各种 BIM 的设计过程。它们能够大幅提高设计师的效率，同时为整个设计项目增砖添瓦。

数字现实：虚拟、增强和混合

随着 3D 模型在无限可扩展的数字空间中的构建，可以让我们沉浸在各种可视化模式中，进一步探索设计构造（图 7-1）。不论是从完全投影的虚拟环境还是到日常的物理环境扩充，这些模式是完全不同的概念。

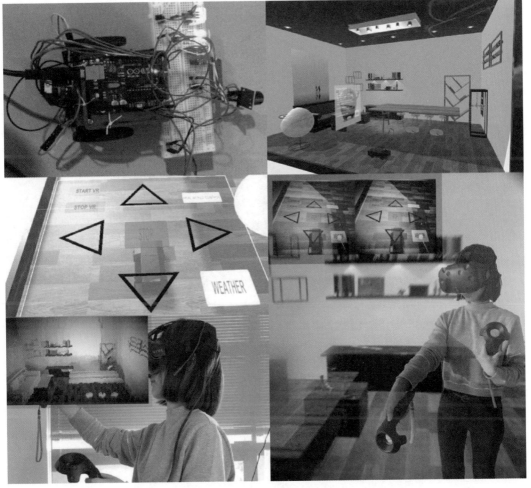

图 7-1　BIM 的未来。在南加州大学建筑学院的硕士论文《虚拟现实互动与物联网》中，俞灵燕（LingYan Yu）探索并试验了在 BIM 环境中使用虚拟设备。在这种情况下，VR 控制着一个附带温度和湿度传感器的移动装置，以提供虚拟空间的真实环境数据［凯伦·肯塞（Karen Kensek），论文委员会主席］

在各种空间中徜徉，是艺术家和幻想家们多年的夙愿。在大多数情况下，同比例模型被用来以设计师的视角感受视觉或触觉，以此探索和解释居住空间的结构设计（图 7-2 和图 7-3）。这样的模型可以为用户和设计师呈现一种新的视角，在项目竣工之前，前瞻性地呈现其效果。然而，虽然个体的视角可以通过潜望镜、剪影和立体模型等巧妙但低技术含量的方式融入这些景物中，但同比例模型和投影还是会受到限制，只能从单个维度呈现效果。

图 7-2 和图 7-3　几个世纪以来，建筑师在建造环境之前一直尝试着环境模拟，以创造"虚拟环境"来评估和交流。伦敦圣保罗大教堂的克里斯托弗·雷恩（Christopher Wren）的模型是由威廉·克利尔（William Cleere）在 1673～1674 年制作，它完整地呈现了建筑师的设计意图，其意义远超图纸所能传达的范围，并被永久记录下来。即使在当下，这类模型也被视作虚拟化工具，比如得克萨斯州奥斯汀市国会大厦游客中心展出的得州国会大厦圆顶模型。*图片来源：安妮 - 玛丽·南基维尔（Anne-Marie Nankivell）提供圣保罗大教堂照片 thelondonphile.com；得州国会大厦圆顶模型照片由克洛伊·列维（Chloé Lévy）提供*

自从计算机可生成图像（CGI）以来，人们就一直在追求沉浸式的数字构建。栖居数字虚拟现实的尝试总是受到 CGI 的技术限制，而创建惟妙惟肖的 3D 几何、亮度、着色、纹理和运动的能力也受到软件和硬件的限制。

虚拟现实（VR）是全方位沉浸式数字环境，观看者在脱离现实世界的情况下，感知与画面同步（图 7-4）。它最常用于不存在的宽泛结构，需要大量的几何、纹理和照明数据来描绘理想中的场景。大多数情况下，虚拟现实是通过头戴式硬件来体验的，它将图像传递给观众，同时遮蔽了周围的真实环境。较流行的高端设备有 HTC Vive、Oculus Rift 和 Sony PlayStation VR 等；低端设备需要结合移动终端（智能手机），比如纸制 VR 眼镜、Google Daydream View 和 Samsung Gear VR 等。VR 硬件包括手动控制器，它可以让体验者能够主动地导航，而非被动地静止观看。对人们来说，最常见的 VR 只是数字视频游戏，实际上，VR 技术正在科学及医学界迅速占据一席之地，用于模拟和研究分子结构，以及治疗创伤后应激障碍（PTSD）等领域。

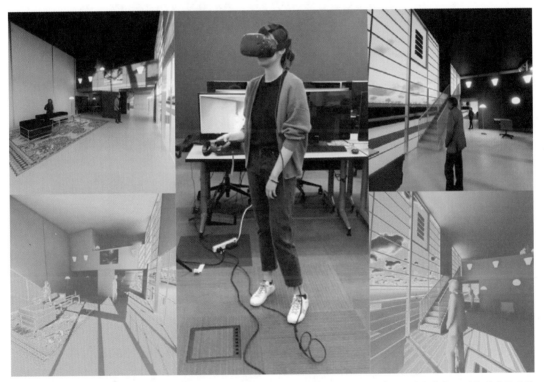

图 7-4　VR 中雷（Ray）和查尔斯·伊姆斯（Charles Eames）家的两种室内设计。图片来自南加州大学建筑系学生刘宣宏（XuanHong Liu）和张钰琪（YuQi Zhang），凯伦·肯塞克（Karen Kensek）教授的"建筑数字工具"课程

　　与 VR 不同的 AR 旨在用数字结构强化我们对世界的日常体验，用额外的信息补充我们的感知，进一步丰富我们的体验。今天，AR 通常是通过带有摄像头的移动设备实现的（如智能手机和平板计算机），利用专门的软件将数字信息注入或覆盖到

设备的画面呈现中（图 7-5）。手机应用如 Pokémon Go game、Google Translate 和
SkyMap、Amikasa，甚至 Snapchat 都为消费者提供了不同层次的文脉和互动。类似于
VR 硬件的专用设备允许的免手动操作，AR 的高端设备包括 Google Glass、Microsoft
Hololens、DAQRI Smart Glasses 和 Smart Helmet 等。它们与特殊的软件相结合，侧
重于工业、医疗、军事和商业等相关应用领域。得益于文脉的视线信息传递，AR 可
以实现组装说明、地图路标，甚至将计算机屏幕投射到空中或任何所需界面上。

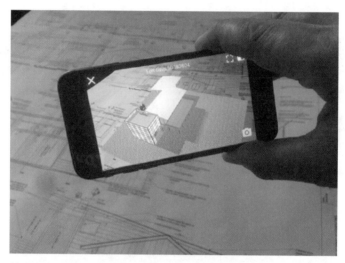

图 7-5　在手持设备上查看的 AR 模型，该模型基于一组图纸生成。建筑模型和照片由弗朗索
瓦·莱维（François Lévy）、利维·科尔哈斯（Lévy Kohlhaas）建筑事务所提供

　　数字呈现的最新趋势是混合或合并现实（MR），有时也被称为杂糅现实（HR）
或扩展现实（XR），与 VR 和 AR 的界限是模糊的，利用了数据和虚拟元素更高阶的
交互性，与真实的元素混合以创造一个全新的体验（图 7-6）。使用提示符或虚拟对象
有不同程度的交互性，这些提示符或虚拟对象会对其存在的现实环境做出相应反映。
MR 超越 AR 之处在于，MR 的对象试图与真实环境的视角相匹配，具有准确的位置、
规模，甚至是物理特性，所以虚拟对象看起来如假包换。MR 通常与 AR 运用类似的
硬件，但传感器的计算能力极大地丰富了交互体验。用户的体验可以通过音频来增
强，利用耳机或外部音响系统创建三维声音场景，模拟虚拟元素的听觉质量，已达到
视听效果与真实环境交互。MR 还通过手套、背心、夹克、全身套装或机器人护具等

穿戴设备来增强触觉，穿戴设备向用户提供实时的触觉反馈，就像与一个真实的物体互动一样。

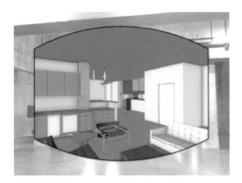

虚拟现实（VR）
完全沉浸式环境，与真实环境无关

增强现实（AR）
真实环境视野内的数字信息叠加，与数字叠加元素的有限交互

混合现实（MR）
真实环境视野内数字信息的叠加和空间同步，允许数字元素的高度交互以及与真实元素的交互

图 7-6 混合或合并现实（MR），杂糅现实（HR）以及扩展现实（XR）技术

机遇在哪里？

传统设计需要通过认知和触觉将固有的三维转化为二维（即一张图纸）。然后，观众被要求在自己的头脑中解读 2D 投影，并以视觉和认知的方式将其解读为 3D 场景。从表面上看，数字现实可以被视为向设计师、相关者和客户呈现抽象想法的昂贵方法。然而重点是，共享的数字现实无须语言解释，只需要感官沉浸。

　　不断衍变的预期和市场促成了 BIM 在所有建筑类型和规模中被越来越多地使用。因此，在整个设计过程中，与相关方进行基于模型的交流已有良好的基础。由于这些工具的日益强大和移动设备的硬件性能的不断提高，通过 VR、AR 和 MR 分享模型的阻力已经大为减少。现在，每个 BIM 设计工具都可以导出一个模型，只需鼠标轻轻一点，就可以在各种计算机平台和设备上应用（图 7-7）。大量的第三方应用程序补充了建模平台的功能，并为创建、传输、存储和查看模型提供了 VR、AR 平台。这些解决方案需要特定软硬件的模型，或通过基于 Web 技术（如 WebVR）和普通立体耳机等移动设备实现。

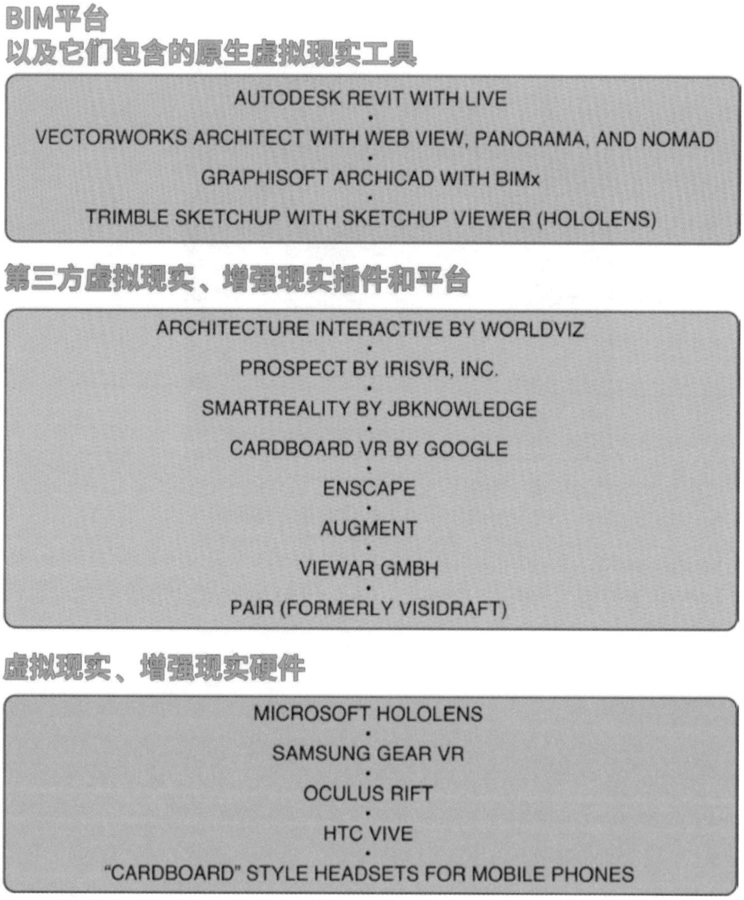

BIM平台
以及它们包含的原生虚拟现实工具

AUTODESK REVIT WITH LIVE
·
VECTORWORKS ARCHITECT WITH WEB VIEW, PANORAMA, AND NOMAD
·
GRAPHISOFT ARCHICAD WITH BIMx
·
TRIMBLE SKETCHUP WITH SKETCHUP VIEWER (HOLOLENS)

第三方虚拟现实、增强现实插件和平台

ARCHITECTURE INTERACTIVE BY WORLDVIZ
·
PROSPECT BY IRISVR, INC.
·
SMARTREALITY BY JBKNOWLEDGE
·
CARDBOARD VR BY GOOGLE
·
ENSCAPE
·
AUGMENT
·
VIEWAR GMBH
·
PAIR (FORMERLY VISIDRAFT)

虚拟现实、增强现实硬件

MICROSOFT HOLOLENS
·
SAMSUNG GEAR VR
·
OCULUS RIFT
·
HTC VIVE
·
"CARDBOARD" STYLE HEADSETS FOR MOBILE PHONES

图 7-7　当前 VR、AR 和 MR 的概述

从设计的角度来看，数字现实正在成为一种新的交付方式，是设计阶段不可分割的部分。在设计过程的开始，不论是观众、设计师、合作者还是客户，都能身临其境地体验设计的体量、视野、流线、邻近性、灯光、色彩和物质性。沉浸式景观还可以允许规划和建筑部门的工作人员在环境中看到设计的影响，从而弱化监管决策。反过来，观看者可以通过理解一系列平面、2D 图纸，甚至投影到显示器上的 3D 模型来决定拟议的设计。目前，人们正在以不同的方式，在不同的沉浸维度上探索此类互动，其中大部分通过 VR。

在较小的项目上，建筑师从他们的创作工具中获取 BIM，并通过游戏行业 VR 平台，如 Unreal Engine 和 Unity 来创建沉浸式和交互式的虚拟现实环境。这些环境中，可以通过耳机、控制器和计算硬件（如 HTC Vive 和 Oculus Rift）为个人用户显示和导航。根据设计阶段的不同，这些模型在构造细节、材料和渲染方面也各有不同。在设计过程的早期，一个基本的模型就足够了，这个模型包含了理想位置和范围内的建筑元素，但是没有详细的连接、材料或照明等信息。设计师可以更好地感受房间的尺度和空间关系。虚拟工具可以让设计师在虚拟空间中进行标记，并将其转换回 BIM 工具中。它们甚至允许直接编辑和操作，以满足所需的更改。更高级的渲染模型，加上更精确的建筑、材料和照明等信息，允许客户在项目中行走，甚至与楼梯、门和窗户等元素互动，给观众完全沉浸式的项目预览。

在更大的项目里，建筑师、承包商和 BIM 协调员运用同一个 BIM 程序。他们利用投影系统和专业软件在全白墙房间，所谓"BIM 洞穴"（洞穴式 AR 环境）内，对模型进行多人查看、缩放以及跨行业协调。这些"VR 灯光"是在复杂的身临其境和交互式环境中进行的，这种环境有利于单人和多人的两个维度的视觉体验。

越来越多的建筑师和承包商通过 AR/MR 跨越虚拟环境的边界，利用真实世界来显示设计和施工信息。今天，像 Gilbane 建筑公司、Mortenson 建筑公司、Martin Bros 和 BNBuilders 等公司专注于 AR/MR，来增强甚至取代传统的 2D 制图工艺，将成品模型、材料、组件一起投影到真实空间（图 7-8）。这使得用户能够在真实的尺度和空间中进行互动，无须解释抽象的 2D 图纸，更无须将真实的结果与虚拟的模型相匹配。这的确很吸引人，但是在设计的早期呢？ AR/MR 如何影响到建筑师和工程师呢？

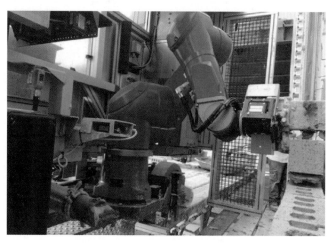

图 7-8　机器人现场制造 / 组装示例。工人和机器直接利用数字模型进行制造，而不是通过理解二维图纸。图片由建筑机器人公司 Zak Podkaminer 提供

毋庸置疑，AR/MR 可以通过为设计师提供 CAD/BIM 显示和工具，在现场或项目现有的视野中进行操作，从而在设计过程中产生深远的意义。想象一下，一位穿戴着 DAQURI Smart Helmet、Microsoft HoloLens 或 Magic Leap Lightwear 的建筑师，一边行走在施工地点或建筑中，一边操作着 Revit 或 Vectorworks 等 BIM 工具，当场构建虚拟模型。理想情况下，AR/MR 硬件和软件能在适当的比例、空间和透视图中精准地捕捉或锁定虚拟模型，并允许用户引用现有元素作为虚拟元素的锚定。设计师可以在真实的空间中移动，虚拟设计将被完美嵌入，以保证参照物的现实关系。此外，AR 能够以图形叠加的方式，实时提供地图、建筑代码、人口统计以及气候信息等，以便在决策过程中加以考虑和利用。

运算设计与可视化编程语言

规模宏大、复杂到令人惊叹的项目对建筑界来说并不新鲜。毕竟，像斗兽场、万神殿、帕特农神庙、金字塔、紫禁城和欧洲大教堂这类建筑物不胜枚举，几千年来，

它们见证了设计者和建造者的决心和技能，这些作品在没有电力、复杂的计算设备、燃料机械，甚至某些人没有识字能力的条件下被建成。大部分设计都基于大量美学、数学和物理等因素，设计者进行了广泛的重复和排列，利用小而简单的单元作为更大、更复杂系统的基础。例如，斗兽场是数学、比例、文化及和谐美学的宏伟体现，它蕴含着当时最先进的建筑技术，以惊人的规模全年为观众提供着十分残忍的现场娱乐。为了交付项目，设计师必须在合理的物理范围内推导逻辑和规则，以达到流畅的、内聚的和功能性结果。柱和拱等构件的比例受制于混凝土和砖石材料的承载力，以及人文风格（多立克柱式、爱奥尼柱式和科林斯柱式）的影响。复杂的几何和数学研究有助于协调比例，鹅卵石状的多层面结构为观众提供了足够的流量和座位，使台前与幕后完美分隔（图 7-9）。

图 7-9　斗兽场的 CAD 图解和 BIM 模型。比例和结构逻辑的算法被编程在这个罗马建筑的纪念碑中

通过研究这些基于算法的复杂设计和施工方法，当代设计师可以轻易地识别其过程，这种模式在我们这个时代相似规模的重大项目中很常见。对于今天的建筑师来

说，类似的项目面临着同样艰巨、复杂或精密的挑战，还可能面临巨大资源、时间和经济的压力。在这样的重压之下，通过多次迭代得到最佳的设计方案，需要非比寻常的速度和能力。计算机与适当的软件工具相结合，是有效处理庞大且复杂项目的最佳方式，当然，这也需要杰出的技能加持。

1. 运算设计

运算设计是利用算法应用中的计算技术（控制计算或逻辑操作的规则集），通过操纵简单的元素或组件，根据用户指定的变量或参数，以创建更大、更复杂的数字形式。举个简单的例子，运算设计可以创建一个基于用户定义参数、在立面上随机开口的复杂模式：

（1）立面的范围。

（2）开口尺寸上下限制。

（3）几何维度的首选。

在更为复杂的层面上，运算设计可用于协调和优化干燥气候下体育场的非对称布局和覆层系统，确定最少数量的面板变化、最佳结构元件方向，以及两个系统之间最有效的连接布局，以平衡结构的完整性和热膨胀。有了足够的计算能力，这种设计方法甚至可以应用于城市规划，结合开放空间、建筑高度和密度、社会经济、人口统计、人口增长、交通模式和环境影响等因素，重新设计一个城市的整体布局和最佳组合。运算设计为建筑师提供了快速创建和分析多个迭代的能力，让设计师在优化的选项范围内做出最有价值的判断。然而，设计者需要自行设计算法——确定输入（参数），配置输入的公式及过程，选择显示结果的方法，以及在代码中编写逻辑的能力。

近年来，随着新的计算语言（如 Python、Ruby 和 Swift）的出现，以及与脚本或编程元素（图 7-10）相关的图形化的使用，即可视化编程语言（VPLs），运算设计的门槛大大降低。与基于文本的编码相比，设计师更倾向于视觉开发，实现了形式探索的爆炸式增长。

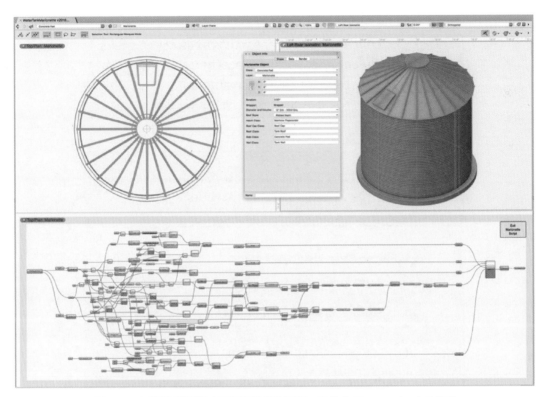

图 7-10　可视化编程语言网络和输出的图示。图片由 Vectorworks 公司提供

2. 可视化编程语言

过去 30 年中，许多 CAD 平台的自动化功能解放了终端用户，他们不需要开发代码（如 C++、Visual Basic 或 .NET）。有了更自然的脚本语言，用户可以编写简单的例程，继而自动执行复杂、重复的任务，或者根据用户定义来操纵形状和表单。但是许多脚本语言（如 AutoLISP、GDL 和 MiniPascal）仍然需要用户进一步的理解才能进行高阶计算的设计工作。

软件公司为终端用户提供了另一种获得动态结果的方法。这些可视化编程语言（VPLs），也称为图形脚本，使用户能够"可视化地思考"并积极参与到复杂算法的创建，从而实现应用程序流程的自动化。这样的图形脚本甚至儿童都可以运作，比如麻省理工学院的 Scratch 编程环境或者机器人构造玩具，尤其是乐高®（图 7-11）。

当代 CAD/BIM 可视化编程工具

GENERATIVE COMPONENTS FOR MICROSTATION BY BENTLEY SYSTEMS
·
GRASSHOPPER 3D FOR RHINOCEROS 3D BY ROBERT McNEEL & ASSOCIATES
·
DYNAMO FOR REVIT AND MAYA BY AUTODESK, INC.
·
MARIONETTE FOR VECTORWORKS BY VECTORWORKS, INC.

其他可视化编程工具

SCRATCH BY MIT
·
CAMELEON BY OLIVIER CUGNON DE SÉVRICOURT AND VINCENT TARIEL
·
REAKTOR BY NATIVE INSTRUMENTS
·
NXT-G BY THE LEGO GROUP

应用于建筑的计算机设计学术项目

MSC AND PhD OF COMPUTATIONAL DESIGN AT CARNEGIE MELLON
UNIVERSITY
·
THE DESIGN AND COMPUTATION GROUP AT MIT SCHOOL OF
ARCHITECTURE + PLANNING
·
COMPUTATIONAL DESIGN STUDIO, M. ARCH. AT CORNELL UNIVERSITY
COLLEGE OF ARCHITECTURE, ART AND PLANNING (AAP)
·
MSC ARCHITECTURAL COMPUTATION AT THE UNIVERSITY COLLEGE
LONDON BARTLETT SCHOOL OF ARCHITECTURE
·
DIGITAL BUILDING LAB AT THE GEORGIA TECH SCHOOL OF
ARCHITECTURE
·
INSTITUTE OF COMPUTATIONAL DESIGN AT THE UNIVERSITY OF
STUTTGART
·
ACADIA

图 7-11　常见可视化编程语言应用程序和学术教学计划

VPLs 的可视元素通常基于图示符号，其中函数显示为 2D 图形的"节点"（如矩形），并以特定的顺序，与每个节点输入和输出的"导线"连接在一起。节点和导线的集合创建了一个"网络"，并以计算机程序员通常使用的多行 ASCII 代码的图形表示。在大多数情况下，VPLs 为创建者或最终用户提供表示交互式输入或参数的节点，以便根据最终用户定义的值来操作结果。这些值包括高度、宽度或分割数之类的参数，又或者是最大入射角、可选择的几何体之类更复杂的输入，甚至可以和 JPEG 或 PNG 数字图像相关联。

3. 机遇在哪里?

通过 VPLs，设计师能够尝试更复杂的设计策略，以创建符合多个输入和约束的高度多样化形式（图 7-12）。自动化允许设计者在最终设计决定之前，进行快速测试和评估变量及结果。除了已建成的项目外，这些工具还成为了重要的教学资源和过程学习平台，如何从任意数量和类型的来源获取数据并影响结果的技术，无论是否是实操课的理论，这些工具都是传道授业解惑的重要资源。建筑师和设计师的先行者，如彼得·艾森曼（Peter Eisenman）、阿德里安·史密斯（Adrian Smith）、格雷格·林恩（Greg Lynn）和内森·米勒（Nathan Miller），以及公司，如扎哈·哈迪德（Zaha Hadid）、NBBJ、HOK 和 SOM，已经设计和构建了许多基于运算设计方法和工具的 VPLs 项目，效果令人瞩目。VPLs 及其相关工具也为设计过程提供了更多的动态模拟和分析机制，无论是与环境因素，如照明、风速、太阳能和其他气候条件，还是物理条件，如强度、几何优化以及制造限制（图 7-13）。

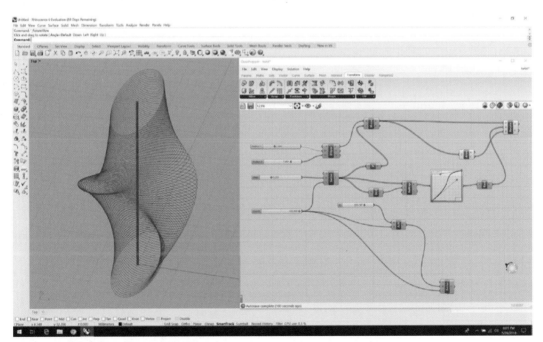

图 7-12　这是 Rhino3D V6 中简单的 Grasshopper 脚本示例，它基于任意椭圆形，由用户输入倍数垂直复制，然后通过用户定义的变量扭转整个图形。图片来源：杰弗里·瓦莱特（Jeffrey W. Ouellette）

图 7-13　米勒·赫尔（Miller Hull Partnership）采用可视化编程优化太阳能电池板，这是华盛顿州西雅图布利特中心（Bullitt Center）项目的重要元素。图片来源：米勒·赫尔（Miller Hull Partnership）

　　Proving Ground 的创始人和总经理内森·米勒（Nathan Miller）证明了使用编程方法是多么恰当，尤其是将其作为一种民主化的辅助工具，以解决日益复杂的设计参数。VPLs 允许终端用户定制软件来处理特定的设计工作流程，并在现有方案中添加或缺少的功能。这种投入让终端用户对工具和结果拥有更多的所有权。例如，通过截取 Google 的快照粘贴到封面上为项目创建位置图；还有更复杂的脚本集和脚本组合，例如根据物理参数和时间段内的太阳方向／阴影投射，在中层建筑上装置最佳形状和阴影设备。这些新工具使得设计师能够集合美学、经济、运营和环境等综合因素，不断加强优化设计的能力。

　　米勒还指出，随着运算设计的不断发展，掌握 VPLs 并将其应用于不同运算设计模式的能力，已经成为设计界公认的专业能力。像米勒和他的同事这样熟练的运算设计师被高度关注，他们能够解决大规模、大范围的复杂项目所包含的一系列收集、整理、协调及应用的重要设计参数。这不仅仅是计算机技术性应用，而是体现技术创新、卓越设计和天性直觉的巧妙综合体。现在，建筑专业的学生经常接触这些工具，一边学习如何利用这些技术，一边学习设计思维和过程。高阶的课程则是进一步探索建筑、计算机科学和计算机工程的交叉功能，旨在将算法和编程运用到未来建筑中去。

　　然而，正如米勒所观察到的，运算设计的迅速崛起相继产生了文化摩擦，挑战了传统上的设计现状——建筑师是兼备艺术和文学的天才。当技术和收集、分析和处理数据的能力对设计变得举足轻重时，它引发了一系列文化上的反弹。作为美学上的革命，一些人认为这是建筑历史进程的一部分；另一些人则认为，这种以数据中心和数字强化的方法论，是对长久以来受人尊崇的、以人类灵感为中心的文化机制的当头一棒。文化的这个问题非常重要，尤其是随着以运算设计和虚拟语言为基础的机器学习和人工智能的使用，建筑师的智能认知受到了前所未有的挑战；还有一些怀疑论者认为，这些新模式最适合于复杂的过程，比如平铺、拼接、半随机图案创建、结构／建筑系统优化，以及动态照明显示控件等。但这会使那些少数精通的人沦为"行业专家"，他们的技能被集中在设计过程和问题的某一个子集上。尽管如此，新一代的设计师、建筑从业者和建筑师对新的软件和方法更加包容，在整个设计甚至施工范围内，多元化的工具、流程和美学的使用，让他们在丰富设计成果上极具潜力。

　　最后，米勒总结了可视化编程语言对供应商、技术和终端用户之间的积极影响。VPLs 连接或嵌入的平台里开放工具和算法，可以让终端用户实现新的创建模式和工具之间的互用性。在某些情况下，可以使用传统的 API（应用程序编程接口）或 SDK（软件开发工具包）模式，这些模式需要更高阶的基础编程知识和整合平台。终端用户可以更专注于他们的期望，而不受某个产品或供应商的技术限制。

　　在某些人看来，运算设计和可视化编程语言是一种复杂、甚至冰冷的工具，但它们将在设计和 BIM 过程中扮演越来越重要的角色。这个行业变得越来越数字化是自然而然的，行业外更大的文化和技术冲击将进一步影响或缓解行业内的文化态度。对于那些对未来的乐观派来说，将来意味着海量的可能性来实施技术和战略，这些技术和战略需要主观能动地利用计算机，而不是与之抗争，或盲目地像大多数那样。

三维激光扫描，倾斜摄影和点云

激光扫描，也称为 3D 或激光雷达，是一套激光照射在表面一个特定的点的距离和颜色然后返回到仪器的传感器，它可以重复数百万次，将每个 *xyz* 坐标和颜色值存储，用户可以控制扫描密度（图 7-14 和图 7-15）。这项技术最初于 20 世纪 60 年代，科学家们将新的激光与雷达系统结合起来应用于气象研究。从那时起，激光、光学、GPS 和计算技术的并行发展大大地降低了系统的复杂性、规模和成本，使得初级系统（包括扫描硬件、配件、处理软件和制造商维护合同）只需大约 5 万美元购买；更多的大型系统的成本约为 10 万美元。对于那些不愿意购买和维护设备的人，可以以 1500 美元 / 天的价格获得扫描现有建筑物和景观的功能，而对于需要多个站点和设备进行重复扫描的复杂情况，费用约为 2500 美元 / 天。

面向建筑业的激光扫描系统

FARO TECHNOLOGIES, INC.
·
TOPCON POSITIONING SYSTEMS, INC.
·
LEICA GEOSYSTEMS
·
PHOENIX LIDAR SYSTEMS
·
PARACOSM, INC.

倾斜摄影系统

RECAP BY AUTODESK, INC.
·
ACUTE3D BY BENTLEY SYSTEMS, INC.
·
PIX4DMAPPER PRO, PIX4DBIM AND PIX4DMODEL BY PIX4D SA
·
APS AND TERRAIN TOOLS BY MENCI SOFTWARE
·
PHOTO TO 3D MODEL BY VECTORWORKS, IINC.

图 7-14　激光扫描、倾斜摄影硬件和软件选项表

倾斜摄影和摄影技术本身一样久远；物体的尺寸和空间位置可以通过其静止图像的透视投影，以及测量图像视野内的几个已知基点的距离来确定。数字成像和计算机图像分析已经将该方法自动化，实现了不同规模和复杂的几何结构能够被更快速、更

图 7-15 点云，激光扫描生成的保护树木扫描模型直接集成在 BIM 设计文件中。图片来源：得克萨斯州奥斯汀市真实世界服务（True World Services）

准确地分析。图像可以使用手持数字照相机，连接到三脚架、汽车或目前最流行的设备——无人驾驶飞行器（UAVs 或无人机）上获取。然后将生成的 2D 图像"嵌合"在 3D 空间中，形成基于分析的模型。

无论是激光扫描还是倾斜摄影，生成的数据都会被处理成点云，数百万个彩色像素被适当地排列在 3D 中，以推断表面和体积。这些点云随后被建模软件用作参考或背景，并可以与智能 BIM、简单的 3D 平面或实体几何图形叠加。计算能力的发展及用于处理和导入点云数据到建模软件的开放软件，让大部分 BIM 设计工具支持点云成为可能。

机遇在哪里？

由于成本的降低，我们正处于史上最方便的，在设计项目之前收集现场"竣工"数据的时代。这些数据能够精确地以一种有价值的方式立即提供给设计师的工作平台，而不需要进行大量的手工测量、解释和输入。

这两种不同的数据收集方式与其说是相互竞争，不如说是各有所长并相互支持。激光扫描技术通常是非常准确和全面的，但由于仪器的尺寸和对传感器的稳定性的依赖，它更适合固定应用。对于测量建筑外部和施工地点，如果找不到合适的测量点，就很难对高层建筑或大型场地进行全面的覆盖。在这种情况下，自带高保真摄像机的无人机或常规无人机是更合适的。建筑内部的情况恰恰相反，无人机的灵动性被场地所限制，但激光扫描可以高效定位，设备和观测物体能够迅速配对。

虽然激光扫描看起来有些奇怪，貌似仅限于公共或商业项目的大规模调查。其实这项触手可及的技术已经应用于小型或住宅项目了，因为这项技术并不局限于建筑维度。利维·科尔哈斯（Lévy Kohlhaas）建筑事务所委托 True World Services 公司对一棵大型保护植被进行激光扫描，因为树冠是设计的限制因素：建筑师和业主都担心，该单户住宅的设计可能会与相邻的树枝冲突。得克萨斯州奥斯汀市有一项保护植被的条例，禁止对树干直径 36″（0.91 米）的白蜡树造成损害。一两个小时的激光扫描，经过点云的后处理，被当天发送到相关方，这比传统的常规测量和建模树的结构更快、更准确。就这样，建筑师和业主可以迅速做出一个明智的决定，而不是先建造，后祈祷，再妥协。

Pix4D SA 事业部的朱利安·诺顿（Julian Norton）认为，倾斜摄影和图像分析比激光扫描系统更具潜力，因为它的灵活性和自主导航技术不断进步，特别是在室内条件下。他还认为，光学和数字图像的发展，包括 360° 图像采集设备和混合激光扫描 / 成像系统，将增加摄影测量、图像分析和处理的价值。此外，基于云计算的海量数据处理和存储，再加上 3D 数据的加持，准确模拟真实世界虚拟副本的潜力几乎触手可及。在这种情况下，来源可靠的政府机构或服务提供商的城市或建筑数据，只需要点击一下鼠标。

人工智能

科幻小说"黄金时代"中描绘的具有新兴感知的智能生物并非来自其他生物物种，而是产生于人类自创的先进技术。一般来说，这些小说都会涉及新生物的自主意识觉醒以及创造者的兴趣，比如阿西莫夫（Asimov）的《我，机器人》（I，Robot），菲利普·K·迪克（PhilipK.Dick）的《机器人会梦见电子羊吗？》（Do Androids Dream of Electric Sheep）或阿瑟·C·克拉克（Arthur C.Clarke）的《2001 太空漫游》（2001：A Space Odyssey）。人们认为，新的人工智能是人类技术发展的必然结果，人类的技术发展是为了利用科学减轻我们琐碎和繁重的工作来改善生活，或者通过提高我们的知识容量和决策能力来促进人类进化。

为了拥护这个观点，在过去 20 年里，人们对 AI 的开发和应用做了大量的工作。许多研究机构，包括谷歌、微软和 IBM 等私营公司投入了大量的时间、金钱和人类的聪明才智，利用先进的计算承担多项任务的接收、处理、分析，将其作用于各个专业，包括但不限于天文学、生物学、气候学、医学、物流、传媒学和统计学（图 7-16）。其目的是自动和加速信息处理过程中需要人工操作的部分。这种方式可以迅速地 - 产生和分析结果，以创建更易判断对错的解决方案的排列。

商业人工智能/机器学习平台

WATSON BY IBM
·
SAFFRON BY INTEL CORP. & SAFFRON TECHNOLOGY, INC.
·
TENSORFLOW AND CLOUD MACHINE LEARNING BY GOOGLE, INC.
·
AMAZON AI BY AMAZON WEB SERVICES, INC.

图 7-16　常用人工智能 / 机器学习（AI/ML）商业平台

建筑在其设计和建造的过程中，充满了数据和决策的挑战。按下美学这个主观因素不表，建筑规范、岩土条件、气候、人口统计、经济、建筑技术、时间进度、材料等这些客观因素也需要充分地考虑，以达到设计师和客户认为的最佳方案。然而，什么是"最好的"也是非常主观的，这需要权衡美学和所有其他信息，以找到一个可接受但并不一定是最佳的解决方案。纵观历史，建筑行业通过工具的不断创新来达到这个目的，包括透视法、比例模型、日影仪、气候数据、产品测试，还有现在的 CAD 和 BIM。

除了前面讨论的相对简单的运算设计之外，最新的趋势是利用更强大的计算能力，以数据中心的方式来处理设计，这与其他行业使用的"大数据"或"数据挖掘"相呼应。尽管在建筑设计中使用 AI 会产生负面影响，它的目标并不那么主观和美观，更多的是基于对日常事务的协助。

人工智能（AI）的概念实际上非常宽泛，包括许多重要的子主题和在特定领域复杂的研究和发展，涉及神经网络、人类语音识别、博弈论、自然语言处理等维度。

机遇在哪里？

通过利用机器学习的原理，计算平台可以通过对以往情况和结果的分析，独立地做出有效决策（图 7-17）。设计师能否进一步自动化琐碎或复杂的过程，通过不易出错的自主智能，跳过每个步骤和迭代中的人为互动和决策呢？

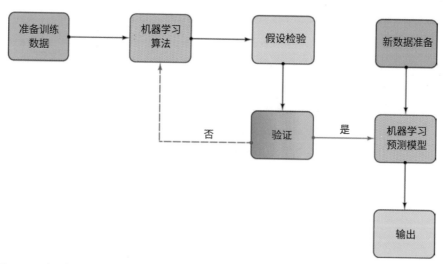

图 7-17　人工智能 / 机器学习（AI/ML）流程图，通过对训练和随后的数据集进行算法测试，以产生精密的计算输出

在上述米勒的讨论中，人工智能和机器学习的应用通过运算设计和视觉编程语言得到了进一步的增强。大量的正在开发的工具能够帮助那些没有深入计算机科学知识或计算机工程技能的人，通过简化的用户界面运用人工智能和机器学习。

未来潜力。机器学习的兴起开始对日常生活产生了影响，这为机器学习进行设计分析和模拟提供了机会。有人推测，类似亚马逊的预测选择和决定的能力，可以应用于建筑中的住户行为，这样设计师就可以更好地预测和规划复杂的机电系统，并与用户实现互动，从而提高建筑的能源效率和性能。

在实践层面上，过去的每一个教训都是今后项目的资源。设计人员之间的团队合作效率，可以通过改进信息的收集和管理来提高，以达到更流畅地沟通和透明。过去项目的数据和分析是机器良好运作的"润滑油"。这可以让设计师更加专注于人工智能和机器学习目前还无法做到的主观设计决策。

人工智能和机器学习可以承担不那么具有创造性的任务，包括冲突检测、缩小规划空间的产品选择范围、协调项目规格和模型、装置定位、自动协调后续数据和操作等。

在得克萨斯大学奥斯汀分校攻读建筑工程和项目管理博士学位期间，得州总承包商奥斯汀商业（Austin Commercial）的 VDC 协调员王丽（Li Wang）研究了机器学习和大数据技术的使用，以支持建筑系统之间的设计协调过程。她的论文基于过去的 BIM 设计，探讨了各专业模型之间不可避免的冲突及其解决方案（图 7-18）。王丽博士研发出一个系统可以自动检查类似情况，通过预定义、学习规则和学习约束进行排序，从而缩小建筑师和其他人解决方案的范围。这可以大大减少系统间的冲突检测以及决策方案的时间，还可以将富有经验的专家集合到该系统，在项目初期让更多新手得以培训和使用。

但要让这个系统发挥作用，必须达到以下三个主要因素：

（1）丰富的案例。

（2）描述案例和解析，且一致的文档。

（3）正式且一致的标准化格式，以用于描述和分类不同类型的协调问题及其解决方案。

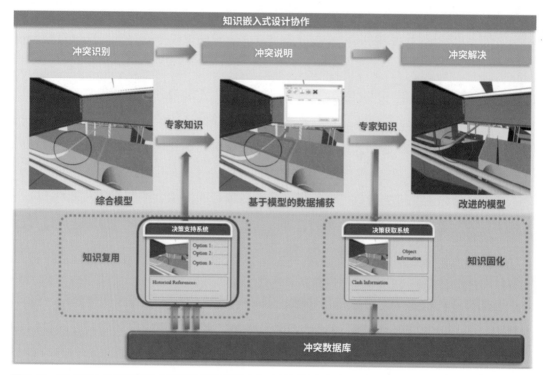

图 7-18　王丽博士的研究工作主要是使用机器学习和大数据技术来支持建筑系统间的设计协调过程。图片由王丽提供

AI 系统依赖于大量一致质量的持续数据来发展学习技能，并基于数据集出现的模式编写自己的决策规则。在为她的论文创建一个证明论点的同时，王丽博士也解开了实践商业 AI 解决方案的重要挑战。这些挑战包括：

（1）在项目交付过程中收集数据的阻力。人们往往更注重发现问题—解决问题—向前推进，而不是有意识地收集和整理这些过程中的结果，以备以后使用。

（2）共享和运用此类信息时遇到的大量文化、财务和法律阻力。行业相关者可能会认为，分享信息为竞争对手暴露出成功的秘籍和自身的弱点。还有一个问题是，如果存在过失的数据一旦被分享，这会使个人或公司承担不必要的责任和风险。

（3）缺乏数据样板和采集标准。美国建筑业缺乏任何形式的非强制性标准，无论是小团体，还是国家或国际组织。王丽博士的方法需要共同的编码语言、术语、识别方法、收集和整理数据做基础。

与股票等金融交易或医疗保健等服务记录并保存的服务不同，建筑业目前缺乏让 AI 行之有效的一致数据样板。然而，意识到缺陷是克服缺陷的开始。私营企业、监管机构和行业相关者有了更多创新的机会，他们需要克服这些障碍并承担文化挑战，从而找到提高生产率、降低成本和障碍、提高产品整体质量的解决方案。

结语

当前，先进技术应用于 BIM 和设计过程的趋势实际上是采用了以前的技术，这些技术最终已达到成熟、操作便捷且成本低廉，在刺激普及率和利用率的同时，为使用者提供了趣味性和实用性。越来越包容的科技随着风险的降低、流程的完善和浅显易懂的运用，让用户的队伍不断壮大。不妨想一想 30 年前又大又贵、挑剔又单一的 CAD，现在已是屡见不鲜。

那么问题来了，下一步是什么？还有什么新技术创新可以应用到设计过程中呢？物联网（IoT）是如何与各种传感器进行实时连接的？有人设想，这样的传感器阵列可以为建筑师提供针对特定设计的数据。现在有许多关于制造和使用的新发展，称之为设计制造和装配（DfMA）。想象一下，建筑是由机器人像组装汽车一样组装出来的，或者是由更大的预制组件和装置组装起来的，这些组件和装置在项目现场直接"咬合"在一起，而不是传统技术。通过 3D 打印和数控机床直接从数字模型到任意材料制成的复杂零件。地下成像、X 射线、MRI、声呐和探地雷达，这些技术提供了宽泛但准确的数据给设计师、工程师和建筑商，以减少意外情况的不确定性。

总而言之，随着技术创新变得更有意义和价值，设计行业也将顺势而为。我们要毫不犹豫地去探索、去试验、去失败、再尝试。建筑师可以像避免浪漫的怀旧陷阱一样，去弱化科技对建筑艺术的对立。作为一个有思想、有智慧、受过良好教育的技术消费者，我们将为建筑业服务，从而为客户和整个社会服务。

编后记

　　写作是一种学习体验，也是一种考验。如同设计一样，它在许多可能性中寻找真理，而不是把已知的写在纸上；写作也如同设计一样，人们着手解决一个边界模糊的问题，这里的边界是指类似现场的数据和边界，或者工程的条件等。换言之，这不是自然法则所指的界限，而是一个以简化问题为导向的、经过深思熟虑但较为主观的界限。如同设计一样，"写作问题"的界限也会被写作习惯所左右，比如，是否已经跑题，论点是否坚定，某部分是否需要被强调或弱化，或者也许完全换了一种表达方式。

　　当开始构思本书的边界时，我已经有了很多关于这个主题的想法，当然，不是所有的东西都能展示在纸张上。在写作和设计的过程中，显然有表达现有知识的套路，但这只是开始。胸有成竹的第一步也许能把握整体工作的方向，但初步的内容及其界限是非常模糊的。先验知识对于设计或写作的最大益处在于，它们在没有答案的初步概念里暂时性地构建了整体框架。正如我的一位工程学教授杰弗里·西格尔（Jeffrey Siegel）曾经说过的那样："工程学院不会教你成为一名工程师，它只教你成为工程师需要学习什么。"设计和写作亦然，我们已有的知识只够一个开端。

　　写作和设计也是一种考验。不仅是耐力，还有更多。理性的诚实加上一些勇气，这是对假设和偏见的考验，既可以淬炼精华，也可以浇灭想法。有些观点被这场思想审判所击退，另一些则屈服于高温，还有一些则被合成为更强的物质。

　　在职业生涯的大部分时间里，我需要思考设计的方式和方法，而 BIM 是这个过程中的中流砥柱。首先声明，我并没有刻意地寻找什么设计新宣言，本书也没有这个目的，一切源于偶然。我的生活经历早于建筑，当我刚入行时，我很想找到一个语调。彼时的我认为，这个语调会看起来像什么东西，或者说有一个明显的外观，一个可识别（也必然重复）的形式。事实上，我把它想象成一种正式的词汇，一种建筑特色。像大多数设计师一样，我有一些带有个人偏好的形状或形式，甚至有些不合格的图形对我来说更有视觉吸引力。那又怎么样？这些建筑中那些让外行感到困惑并把我们等同于艺术家的独特的部分，也许最初是一座建筑中最璀璨的亮点，最后才是不重要的部分。以我个人之见，这种画龙点睛之笔是一种特殊的创意，像20世纪早期的建筑"规则"，例如包豪斯和瑞士风。这对于思想，就像糖果对于视觉一样，它们闪光着甚至刺激着我们，但殊途同归。无论是形式上的还是理论上的，这种设计语言都与结果或外表有关。这没什么难理解的，毕竟，结果和外表不正是我们被雇用的原因吗？

安托万·德圣埃克苏佩里（Antoine de Saint-Exupery）认为：本质对肉眼来说是看不见的。不论在建筑还是诗歌中，真正重要的是过程；一个强大的过程会让你创造出直击人性的东西。批评家康拉德·菲尔德（Konrad Fielder）将艺术理解为另一种认知过程，另一种思维方式。虽然他承认艺术品的社会价值，但艺术副产品对他来说远不如它产生的过程重要。对于菲尔德来说，一件艺术品只有在揭示其创作过程时才具有艺术意义；对他而言，艺术不是一个思维的过程，而是一个供人分享的过程。由于建筑师和艺术家一样，并不是因为我们创造了形式——这只是表面上的相似之处，而是因为，我们像艺术家一样有一个过程，作品的价值在于这个过程的实践。除此之外的东西，称之为产品。

地球上的生物是在特定的环境中发展起来的，并相应地进化出特定的反应。例如，为什么人类可见光谱的范围是 $0.3 \sim 0.7\mu m$，这只是整个光谱中极小的一部分。结果表明，大气层能够遮挡大部分的太阳辐射，只有少数几个频率能够穿透大气层，比如光波、红外线，以及某些微短波。其中，一半到达地球表面的辐射是可见光谱。如果人类进化出超级视力，能利用所有的太阳辐射，它们会成为很丰富的能源，正是由于大气层的"眷顾"，产生了我们所说的可见光。虽然我不赞成所谓的"智能设计"，但进化论为设计提供了一个生物学类比：形式和系统是对外部环境的响应。

总而言之，本书的亮点是：当设计师对其现场、预算、气候、可施工性或管理体制等一系列外部环境做出正确响应时，该设计便更有内涵，更易成功。BIM为设计师提供了一个收集所有信息且适时嵌入建筑模型的机会，在设计的所有阶段，全方位地利用这些资源。若仅仅将BIM视作一个快速生产平台，那将错失为设计过程带来新深度的良机。

弗朗索瓦·列维（François Lévy）
于得克萨斯奥斯汀